城市公共空间

植物景观设计实例完全图解

Complete Illustration Of Plant Landscape Design

本书编委会 编著

高亦珂 主审

随着国家大力发展城市景观，植物在环境绿化中的作用也日益明显。植物景观设计是具有生命和活力的二次创造的过程，用具有生命的植物来搭配和装点硬质景观已经成为一种流行趋势，植物景观设计也成为城市绿化工程的重要环节。

本系列丛书按照不同的空间性质分为城市公共空间、城市住宅区和私家庭院3本，不同的空间性质所营造的氛围和需要达到的效果是不一样的。本书针对当下流行和比较成熟的城市公共空间景观设计案例，分析和介绍各种植物设计节点的乔木、灌木、地被配置特点，分析各类型园林中常用景观植物的生态学和应用特性。

本书是景观及相关专业师生的教学辅助用书，也是景观设计师所需的植物景观设计素材实例一手资料，更可以为项目决策者和业主提供参考。

图书在版编目(CIP)数据

城市公共空间植物景观设计实例完全图解 / 《城市公共空间植物景观设计实例完全图解》编委会编著. -- 北京 : 机械工业出版社, 2016.7
（绿+设计系列丛书）
ISBN 978-7-111-54077-9

Ⅰ. ①城… Ⅱ. ①城… Ⅲ. ①园林植物-景观设计-图解 Ⅳ. ①TU986.2-64

中国版本图书馆CIP数据核字(2016)第140307号

机械工业出版社（北京市百万庄大街22号 邮政编码100037）
策划编辑：时 颂 责任编辑：时 颂
责任校对：白秀君 封面设计：陈秋娣
责任印制：乔 宇

保定市中画美凯印刷有限公司印刷
2016年7月第1版 第1次印刷
210 mm×285 mm · 10印张 · 246千字
标准书号：ISBN 978-7-111-54077-9
定价：65.00元

凡购本书，如有缺页、倒页、脱页，由本社发行部调换

电话服务
服务咨询热线：010-88361066
读者购书热线：010-68326294
010-88379203

网络服务
机工官网：www.cmpbook.com
机工官博：weibo.com/cmp1952
金 书 网：www.golden-book.com
教育服务网：www.cmpedu.com

前言

市政广场、商业街区等城市公共空间是城市空间的重要节点，往往会成为城市居民聚集的场所和城市形象的代表。在这些空间中进行的景观设计往往是现代城市空间环境中最具公共性、最富艺术魅力的项目。

优秀的形式感和硬景设计成就了景观设计项目的空间架构，而植物设计体现了景观设计的核心价值。优秀、领先的植物景观设计能够使城市公共空间气质提升，起到改善城市形象的作用；坚持优先选择本土物种的原则，不仅可以在建设阶段节约大量的运输成本，也为后期养护减少负担，使人工的植物生境与城市周边的自然环境整合，同时也能体现地域特征；植物景观设计的尺度、色彩以及与周边建筑、环境所形成的协调性也可以与建筑形体一起形成空间的核心要素，共同形成舒适宜人的空间氛围；具有特点的植物选择和搭配与城市公共空间的公共活动相结合，能够形成具有强大传播力的城市活动、节日，如赏樱节、荔枝节等。

奥雅设计在诸多市政与商业项目的实践中不仅坚持了上述原则，还不断追求高效率、低能耗。在兼具审美价值的 “绿色”景观社区营建中探索以原生宿根花草为基础种植素材，开发低成本、低维护种植技术，以“道法自然”的种植方式，创建展示大自然魅力的社区花园，为居民提供欣赏四季更替、草木变迁的体验。例如在芜湖商务文化中心区的中央公园和南京某品牌地产的住宅区中心景观设计中，我们均采用了低成本、低维护种植技术（即双低种植），在建成之后基本不需要后期的养护。我们相信，通过科学的场地设计和富有艺术表现力的园艺设计，能够使人们产生回归自然健康的生活态度。

——深圳奥雅设计股份有限公司

植物景观设计实例完全图解

目录

城市公共空间

Contents

前言

第一章　景观植物类别

景观植物是指应用于绿化、美化城市环境和乡村环境的植物。它们形态千变万化，色彩缤纷多彩，种类多不胜数，却有一个相同的特点，那就是对环境美化具有较高的价值。有的植物通过颜色，有的植物通过形态，有的植物通过香味，为营造一个舒适、美丽的环境奉献出其宝贵的价值。景观植物通过体量形态可以分为乔木植物、灌木植物、草本花卉植物、藤本植物、草坪及地被植物等；通过其观赏部位，又可以分为观花植物、观叶植物、观果植物、香料植物等。景观植物因为种类繁多、数量庞大、特点丰富，依据不同的标准可以分为多种类型。这里仅根据一般分类标准，详细介绍乔木、灌木等 5 个类别的园林植物。

第一节　乔木植物

◉ 定义：乔木是指树身高大的树木，由根部发出独立的主干，树干和树冠有明显区分。有一个直立主干，通常高度达到 6m 至数十米的木本植物称为乔木。其往往树体高大，具有明显的高大主干。又可依其高度而分为伟乔（31m 以上）、大乔（21 ～ 30m）、中乔（11 ～ 20m）、小乔（6 ～ 10m）四个等级。

◉ 形态：乔木植物一般比较高大，其主干突出，树形高大，常见自然树形有伞状树形、广卵树形、塔状树形、扁头树形等。根据园林绿化的需要，也会有一些人工修剪的树形。

◉ 类型：常绿乔木与落叶乔木，针叶乔木与阔叶乔木等。

1. 常绿乔木与落叶乔木

◉ 常绿乔木：是指终年具有绿叶且株形较大的木本植物，这类植物叶的寿命是两年或更长时间，而且每年都有新叶长出，在新叶长出的时候也有部分旧叶脱落。由于是陆续更新，所以终年能够保持常绿。常绿乔木由于其终年常绿，叶色鲜艳，与其他类型植物搭配栽植具有较高的观赏价值，是绿化和美化环境的主体植物。

因地域、气候等因素的不同，不同地方的常绿乔木也不尽相同，下表简单列举几种常见的常绿乔木。

序号	植物名称 科、属	植物习性	配置手法	色彩	观赏期
1	油杉 松科 油杉属	阳性树种，喜光，喜暖湿气候，夏季需短期遮荫，耐干旱、瘠薄	可于寺庙或风景区栽植	绿色	全年
2	大叶南洋杉 南洋杉科 南洋杉属	不耐寒	可孤植或列植于公园及风景区	绿色	全年
3	马尾松 松科 松属	阳性树种，喜光，喜温暖气候，不耐盐碱，怕水涝	适合在庭院中、凉亭旁或假山之间孤植	绿色	全年
4	樟树 樟科 樟属	喜光，喜温暖，稍耐荫，不太耐寒，较耐水湿，不耐干旱、瘠薄和盐碱土	较常用作行道树，树形优美，可孤植于草坪，可配植于水边、池边，也可在草地中丛植、群植、孤植或作为背景树	绿色	全年
5	柠檬桉 桃金娘科 桉树属	阳性树种，喜光，喜温暖湿润气候，耐干旱	可列植于庭前或栽植在公园、风景区等地	绿色	全年
6	白千层 桃金娘科 白千层属	阴性树种，喜温暖潮湿环境，耐干旱、高温及瘠薄	可作屏障树或行道树，也可栽植于公园	绿色，花盛开时为白色	全年

（续）

序号	植物名称 科、属	植物习性	配置手法	色彩	观赏期
7	垂枝红千层 桃金娘科 红千层属	中性树种，日照充足时生长更茂盛，耐热、耐旱、耐荫，大树不易移植	可用作行道树栽植于路旁，也可作为观赏树栽植于小区和公园内。搭配灌木，效果更佳	绿色，花盛开时为绯红色	全年 花期 5～9月
8	蒲桃 桃金娘科 蒲桃属	热带树种，喜温暖气候，耐水湿	可栽植于水边，也可栽植于公园或小区内作观赏树	绿色	全年
9	秋枫 大戟科 秋枫属	喜阳、喜温暖气候，稍耐荫，较耐水湿	适宜作庭院树和行道树种植，也可以在草坪、湖畔等地栽植，景观效果较好	绿色	全年
10	台湾相思树 含羞草科 金合欢属	喜温暖气候，喜光，对土壤要求不高，较耐瘠薄、干旱，耐半荫	可列植，用作道路绿化。大树可孤植于庭院，景观效果佳	绿色，盛花期时花色为金黄色	全年
11	雪松 松科 雪松属	喜阳光充足的环境，喜温和凉爽的气候，稍耐荫	雪松是世界著名的庭院观赏树种之一，树形高大挺拔优美，四季常青，适宜孤植于草坪中央，也可对植、列植于广场和主体建筑物旁	绿色	全年
12	华北云杉 松科 云杉属	喜温凉气候，喜湿润肥沃土壤，耐荫，适应性较强	华北云杉又被称为青扦，是常绿树种。华北云杉对环境的适应性较强，树形又美观，树冠茂密，是园林绿化的优良树种之一	绿色	全年
13	罗汉松 罗汉松科 罗汉松属	喜温暖湿润气候，耐寒性弱，耐荫，对土壤适应性强	树形优美，是孤赏树、庭院树的好选择。可在门前对植，或者孤植于中庭，也可与假山、湖石搭配种植，同时也是优良的盆栽材料	绿色	全年
14	白皮松 松科 松属	喜光树种，喜温凉气候，喜肥沃深厚的土层，耐瘠薄和干冷，是中国特有树种	白皮松是常绿针叶树种，老树树皮灰白色，其树干色彩和形态比较有特色，树形优美，是美化园林的优良树种之一。白皮松在园林绿化中的应用比较广泛，可以孤植于庭院或草坪中央，也可以对植于门前，丛植片植成林，或者列植于城市道路两旁作为行道树种	绿色	全年
15	龙柏 柏科 圆柏属	喜阳，喜温暖湿润的环境，稍耐荫，耐干旱，忌积水	可孤植、列植或群植于庭院，由于其耐修剪，可经整形修剪成圆球形、半球形等各式形状后栽植	绿色	全年
16	油松 松科 松属	阳性树种，喜光，喜排水良好的深厚土层，耐寒，抗风，抗瘠薄，是中国特有树种	油松为常绿针叶树种，树形挺拔高大，适宜栽植在道路两旁作为行道树种	绿色	全年
17	五针松 松科 松属	喜光，喜温暖湿润的环境，不耐积水	五针松植株较低矮，树形优美、古朴，姿态有韵味，也是制作盆景的良好材料	绿色	全年
18	侧柏 柏科 侧柏属	喜光，对环境的适应能力强，对土壤的要求不高，较耐荫，耐干旱瘠薄，耐高温，稍耐寒	侧柏为常绿树种，也是北京市的市树，寿命长，常有百年侧柏古树，观赏及文化价值较高。侧柏在中式造园中有着重要的作用和地位。可栽植于凉亭旁、假山后、大门两侧、花坛和墙边。配植于草坪、林下和山石间可以增加景观绿化的层次，颇具美感	绿色	全年
19	女贞 木犀科 女贞属	喜光，喜温暖湿润气候，耐寒，耐荫，耐水湿	女贞四季常青，枝繁叶茂，可孤植、丛植于庭院，也可做行道树栽植于道路两旁	绿色	全年
20	圆柏 柏科 圆柏属	喜光，喜温凉气候，喜湿润深厚的土层，耐寒，耐热，稍耐荫	圆柏树形优美，姿态奇特，是中国园林造景中常用的常绿树种之一。因为其耐修剪，所以常修剪整齐作为绿篱使用。配植在古庙、古寺中更有意境，也可群植于草坪边缘或建筑物附近	绿色	全年

白千层

垂枝红千层

蒲桃

华北云杉

圆柏

● 落叶乔木：是指因为植物习性，到每年的秋季或者冬季的时候，叶片凋零落下，春季又萌发新叶的木本植物。落叶乔木是因为为了适应秋冬季节或者干旱季节雨水减少、气温寒冷的环境，通过落叶而达到减少植物叶片的蒸腾作用。

因地域、气候等因素的不同，不同地方的落叶乔木也不尽相同，下表列举几种常见的落叶乔木。

序号	植物名称 科、属	植物习性	配置手法	色彩	观赏期
1	水杉 杉科 水杉属	喜光，喜温暖湿润气候，耐寒性强，耐水湿能力强，不耐干旱和贫瘠	水杉树形挺拔，适于列植、片植或丛植于堤岸、水边，也可用于庭院内绿化，景观效果佳	绿色，秋天叶色变金黄	2 ~ 10月
2	银杏 银杏科 银杏属	阳性树种，喜光，较耐干旱，不耐积水	树形独特，叶形独特，秋叶金黄，是很好的庭院树和行道树。可孤植、列植、片植或群植于庭院、景区和公园内。与桂花树一同栽植，可营造秋季观色闻香的景观意境	绿色，秋叶金黄色	3 ~ 11月
3	三球悬铃木 悬铃木科 悬铃木属	喜光，喜温暖湿润气候，喜排水良好的土壤，较耐寒	三球悬铃木又称为法桐，树形优美，树干高大，枝繁叶茂且耐修剪，是优良的行道树种和庭荫树种。可栽植于城市道路两旁作行道树，也可孤植于草坪或空旷地带	绿色，秋叶黄色	全年
4	国槐 豆科 槐属	喜光，稍耐荫，耐干旱、瘠薄，对土壤要求不高	国槐枝叶茂盛，树形威武挺拔，在北方地区常用作行道树种和景观项目的框架树种，也可栽植于公园草坪和空旷地带，孤植、列植和丛植效果均不错	绿色，花黄色	3 ~ 8月
5	白蜡 木犀科 白蜡属	喜光，喜深厚肥沃的土层，耐水湿	白蜡树干笔直，树形优美，枝叶繁密，生长期时，叶片浓绿；进入秋季，叶色转黄，是比较优良的庭院树种、行道树种，可与常绿树种一同配植于庭院和公园，也可列植于道路两旁做行道树	绿色，秋叶橙 黄色	3 ~ 10月
6	七叶树 七叶树科 七叶树属	喜光，喜深厚肥沃土层，稍耐荫，不耐严寒，不耐干热气候	七叶树树干通直笔挺，叶片宽大，冠大荫浓。初夏时节，满树繁花，是著名的观赏树种，与常绿乔木配植效果不错。可列植、群植于道路两旁、公园以及广场内。七叶树在中国有着不一样的文化含义，因为其与佛教有着较深的渊源，一般名寺古刹内会栽植年代久远的七叶树。与佛教文化有关或古寺等地维护和景观塑造的项目中，可以选用七叶树、菩提树以及娑罗树等植物作为绿化造景树种	叶绿色，花白色	4 ~ 10月

（续）

序号	植物名称 科、属	植物习性	配置手法	色彩	观赏期
7	枫树 槭树科 槭树属	喜阳光充足的环境，喜排水良好的酸性土壤	枫树树形高大，姿态优美，是观赏性很强的园林树种。枫叶深秋易色，群片栽植，秋景极美	秋叶深红色	12月至次年1月
8	合欢 豆科 合欢属	喜光，喜温暖且阳光充足的气候，耐寒，耐旱，耐瘠薄	合欢树形较高大，叶片羽状，秀丽翠绿，粉色头状花序酷似绒球，美丽可爱，是优良的园林观赏植物，也可栽植人行道两旁或车行道分隔带内，夏季绒花盛开，景观效果极佳	叶绿色，花粉色	6～8月
9	新疆杨 杨柳科 杨属	喜光，耐寒，耐干旱，耐瘠薄，耐修剪，不耐荫，有较强的抗风性	新疆杨树形优美，叶片美丽，可孤植、丛植于公园和草坪。在新疆、甘肃、宁夏等地多有栽植	叶绿色	3～10月
10	栾树 无患子科 栾树属	喜光，耐干旱和瘠薄，稍耐半荫，耐寒，不耐水淹	栾树夏季满树黄花，秋叶色黄，果实形如灯笼，紫红色，是较好的观赏树。也可用于行道树栽植于道路两旁	绿色，花黄色	5～10月
11	水松 杉科 水松属	阳性树种，喜光，喜温暖湿润气候，耐水湿，不耐低温	可做行道树，适宜栽植在河边、堤岸，可在水边成片栽植，孤植或丛植于园林内均可	绿色	5～10月
12	鹅掌楸 木兰科 鹅掌楸属	喜光，喜温暖湿润气候，耐半荫，较耐寒，喜深厚肥沃土壤	秋季叶色金黄，且叶形美丽，花大美丽，可作行道树或栽植于庭院作观赏树	绿色，秋叶金黄色	5～10月
13	梧桐 梧桐科 梧桐属	喜光，喜温暖湿润气候，喜湿润肥沃土壤，不宜修剪，寿命较长	可作行道树栽植，也可栽植于房前屋后，或片植、列植于风景区和道路旁	绿色	5～10月
14	重阳木 大戟科 秋枫属	阳性树种，喜光，喜温暖气候，稍耐荫，耐干旱和瘠薄，耐水湿，有一定的抗寒能力	花叶同放，秋叶变红，是极好的庭院树种，可栽植于道路两旁作行道树，也可孤植、丛植，与常绿树种配置于湖畔、草坪，景观效果佳	绿色，秋叶红色	5～10月
15	南洋楹 豆科 合欢属	阳性树种，喜温暖湿热的气候，不耐荫	可作为行道树或庭院树栽植	绿色	5～10月
16	大叶合欢 豆科 合欢属	喜温暖气候，能抵抗强风和盐分	可栽植于庭院作遮荫树或观赏树	绿色，绒球状花开放时，黄褐色	4～5月
17	银合欢 豆科 银合欢属	阳性树种，喜温暖湿润气候，稍耐荫，耐干旱，不耐水渍	较耐修剪，可随意修剪造型，可栽植于校园、小区、公园等地作花墙和绿化围墙	绿色	5～10月
18	枫香 金缕梅科 枫香树属	喜光，喜温暖湿润气候，耐干旱和瘠薄，不耐水涝不耐寒，抗风力强	可孤植、丛植于草坪、山坡。可与常绿树种配置，秋季红绿相间，景观效果佳，不宜做行道树	绿色，秋季叶色红艳	8～10月
19	垂柳 杨柳科 柳属	喜光，喜温暖湿润气候，耐水湿，较耐寒	可作行道树，可与碧桃相间配植于湖边、池畔，营造桃红柳绿的景观意境	绿色	3～10月
20	朴树 榆科 朴属	喜光、喜温暖湿润气候，耐干旱，耐水湿和瘠薄	可用作行道树，可孤植于草坪或空旷地，亦可列植于道路两旁	绿色	5～10月

水杉

油杉

国槐

白蜡

合欢

2. 针叶乔木与阔叶乔木

◉ 针叶乔木：是指乔木的叶片细长似针的树种。其针形叶片一般材质较软，且多为常绿树种，常见的针叶树种主要集中在松、柏、杉等种类。

常见针叶树种列举见下表。

序号	植物名称 科、属	植物习性	配置手法	色彩	观赏期
1	水杉 杉科 水杉属	喜光，喜温暖湿润气候，耐寒性强，耐水湿能力强，不耐干旱和贫瘠	水杉树形挺拔，适于列植、片植或丛植于堤岸、水边，也可用于庭院内绿化，景观效果佳	绿色，秋天叶色变金黄	2 ~ 10月
2	雪松 松科 雪松属	喜阳光充足的环境，喜温和凉爽的气候，稍耐荫	雪松是世界著名的庭院观赏树种之一，树形高大挺拔优美，四季常青，适宜孤植于草坪中央，也可对植、列植于广场和主体建筑物旁	绿色	全年
3	白皮松 松科 松属	喜光树种，喜温凉气候，喜肥沃深厚的土层，耐瘠薄和干冷，是中国特有树种	白皮松是常绿针叶树种，老树树皮灰白色，其树干色彩和形态比较有特色，树形优美，是美化园林的优良树种之一。白皮松在园林绿化中的应用比较广泛，可以孤植于庭院或草坪中央，也可以对植于门前，丛植片植成林，或者列植于城市道路两旁作为行道树种	绿色	全年
4	华北云杉 松科 云杉属	喜温凉气候，喜湿润肥沃土壤，耐荫，适应性较强	华北云杉又被称为青扦，是常绿树种。华北云杉对环境的适应性较强，树形又美观，树冠茂密，是园林绿化的优良树种之一	绿色	全年
5	五针松 松科 松属	喜光，喜温暖湿润的环境，不耐积水	五针松植株较低矮，树形优美、古朴，姿态有韵味，也是制作盆景的良好材料	绿色	全年
6	圆柏 柏科 圆柏属	喜光，喜温凉气候，喜湿润深厚的土层，耐寒，耐热，稍耐荫	圆柏树形优美，姿态奇特，是中国园林造景中常用的常绿树种之一。因为其耐修剪，所以常修剪整齐作为绿篱使用。配植在古庙、古寺中更有意境，也可群植于草坪边缘或建筑物附近	绿色	全年
7	池杉 杉科 落羽杉属	强阳性树种，喜温暖湿润气候，极耐水淹，稍耐寒，不耐荫	可做行道树，适宜栽植在水滨湿地等环境中，也可在水边成片栽植，孤植或丛植于园林内均可	绿色，秋叶棕褐色	2 ~ 10月
8	落羽杉 杉科 落羽杉属	耐低温，耐水湿，耐盐碱，耐干旱和瘠薄	由于其耐水湿、耐腐力强的特性，常用来做固堤护岸的树种，也可孤植、片植和丛植于庭院内作观赏树	绿色，秋叶棕褐色	2 ~ 10月
9	龙柏 柏科 圆柏属	喜阳，喜温暖湿润的环境，稍耐荫，耐干旱，忌积水	可孤植、列植或群植于庭院，由于其耐修剪，可经整形修剪成圆球形、半球形等各式形状后栽植	绿色	全年

雪松

白皮松

华北云杉

落羽杉

龙柏

● 阔叶乔木：一般是指双子叶植物类的树木，具有扁平、较宽阔的叶片，叶脉成网状，有常绿阔叶乔木和落叶阔叶乔木。一般叶面宽阔，叶形随树种不同而有多种形状的多年生木本植物。由阔叶树组成的森林称为阔叶林。

常见阔叶树种列举见下表。

序号	植物名称 科、属	植物习性	配置手法	色彩	观赏期
1	樟树 樟科 樟属	喜光、喜温暖、稍耐荫，不太耐寒，较耐水湿，不耐干旱、瘠薄和盐碱土	较常用作行道树种，树形优美的可孤植于草坪，常配植于水边、池边，也可在草地中丛植、群植、孤植或作为背景树	绿色	全年
2	大叶榕 桑科 榕属	阳性树种，喜光，喜高温多湿的气候，耐干旱，耐瘠薄	适合用作园景树和遮荫树，由于根系过于发达，不建议作行道树	绿色	全年
3	羊蹄甲 豆科 羊蹄甲属	喜阳光、喜温暖潮湿的环境，不耐寒	可用作行道树和绿化树，也可栽植于公园和景区	绿色，花大色红	全年
4	洋紫荆 豆科 羊蹄甲属	喜光，喜肥沃湿润的土壤，不太耐寒，耐修剪	可用作行道树和绿化树，也可栽植于公园和景区	绿色，花大色红	全年
5	银杏 银杏科 银杏属	阳性树种，喜光，较耐干旱，不耐积水	树形独特，叶形独特，秋叶金黄，是很好的庭院树和行道树。可孤植、列植、片植或群植于庭院、景区和公园内。与桂花树一同栽植，可营造秋季观色闻香的景观意境	绿色，秋叶金黄	3 ~ 11月
6	三球悬铃木 悬铃木科 悬铃木属	喜光，喜温暖湿润气候，喜排水良好的土壤，较耐寒	三球悬铃木又称为法桐，树形优美，树干高大，枝繁叶茂且耐修剪，是优良的行道树种和庭荫树种。可栽植于城市道路两旁作行道树，也可孤植于草坪或空旷地带	绿色，秋叶黄色	全年
7	国槐 豆科 槐属	喜光，稍耐荫，耐干旱，耐瘠薄，对土壤要求不高	国槐枝叶茂盛，树形威武挺拔，在北方地区常用作行道树种和景观项目的框架树种，也可栽植于公园草坪和空旷地带，孤植、列植和丛植效果均不错	绿色，花黄色	3 ~ 8月
8	蒙古栎 壳斗科 栎属	喜温暖湿润的气候，耐严寒，耐干旱，耐瘠薄，对土壤要求不严	蒙古栎可栽植于庭院、公园等地作园景树或者列植于道路两侧作行道树。也可与其他常绿树种混交栽植成林	绿色	3 ~ 10月
9	辽东栎 壳斗科 栎属	喜温暖湿润的气候，耐瘠薄，对土壤要求不严	可栽植于庭院、公园等地作园景树或者列植于道路两侧作行道树	绿色	3 ~ 10月
10	榆树 榆科 榆属	喜光，耐寒，较耐盐碱，不耐水湿，根系发达，具有较强的抗风能力	榆树树形高大，冠大荫浓，是行道树、庭荫树的较好选择	绿色	3 ~ 10月

羊蹄甲

蒙古栎

辽东栎

榆树

第二节　灌木植物

● 定义：灌木植物是指那些没有明显的主干、呈丛生状态比较矮小的植物。

● 形态：灌木植物一般植株较低矮且丛生，容易营造郁郁葱葱的植物景观效果。

● 类型：可分为观花灌木、观叶灌木、观果灌木、观枝干灌木等几类。

1. 观花灌木

● 观花灌木：一般简称花灌木，是指以观赏其花形、花色和花姿为主的灌木植物。具有较高的观赏价值和绿化价值，是园林景观造景的重要材料之一。观花灌木的形态多样、花朵娇艳动人，是丰富绿色景观、点缀主景的良好用材。

园林造景中常用的观花灌木有很多，常见观花灌木列举见下表。

序号	植物名称 科、属	植物习性	配置手法	色彩	观赏期
1	三角梅 紫茉莉科 叶子花属	常绿攀缘状灌木，喜光，喜温暖湿润的气候，不耐寒	三角梅颜色亮丽，苞片大，花期长，是庭院绿化设计时的优良材料。可栽植于院内，由于其攀缘特性，垂挂于红砖墙头，别有一番风味。可用作盆景、绿篱和特定造型，也可借助花架、拱门或者高墙供其攀缘，营造立体造型	花的苞片紫红色	3～10月
2	木槿 锦葵科 木槿属	喜光，喜温暖湿润的气候，较耐寒，稍耐荫，好水湿，耐干旱，耐修剪	可孤植、丛植于公园、草坪等地，也可作花篱式绿篱进行栽植。一些城市也会在车行道两旁栽植成片，开花时，风景甚美	花淡紫色	7～10月
3	扶桑 锦葵科 木槿属	强阳性，喜光，喜温暖湿润的气候，适宜阳光充足且通风的环境，耐湿，稍耐荫，不耐寒	扶桑花大且艳丽，观赏价值高，朝开夕落，可栽植于湖畔、池边、凉亭前	红色	全年，夏季最盛
4	非洲茉莉 马钱科 灰莉属	喜光，喜半荫，适宜生长在温暖气候下，生长适温为18～32℃，不耐寒冷，适宜栽植在较少直射阳光、充足散射光的环境	非洲茉莉花期较长，冬夏季均开花，花香淡淡，由于其具有一定的耐修剪能力，可与部分高大乔木搭配栽植，常用于公园，也可用于家居盆景摆设	花白色	冬夏季
5	绣球花 虎耳草科 绣球属	喜光，喜温暖湿润的气候，喜半荫，不耐寒	绣球花又被称为八仙花，在我国栽培历史悠久，明清时期在江南园林中较多使用。绣球花花形美丽，颜色亮丽，可成片栽植于公园、风景区，也可与假山搭配栽植，景观效果佳	花白色、红色、蓝色	6～8月
6	红花檵木 金缕梅科 檵木属	常绿灌木，喜光，喜温暖气候，耐旱，耐寒，稍耐荫，耐修剪，耐瘠薄	红花檵木由于其花色叶色艳丽以及耐修剪的特点，在城市及园林绿化中有着重要的地位。常与金叶女贞和雀舌黄杨等植物搭配栽植，修剪成红绿色带装饰道路景观，也可丛植、群植于公园或小区，也可修剪成造型各异的灌木球，景观效果佳	花紫红色，新叶鲜红色	全年
7	毛杜鹃 杜鹃花科 杜鹃花属	半常绿灌木，喜温暖湿润气候，耐荫，不耐阳光曝晒	花色艳丽，花期花朵丰富，栽植于林下，作景观花丛色带等，也可与其他植物搭配栽植或制作模纹花坛。也可栽植于假山旁、凉亭前等地，营造中式园林风格	花桃红色	4～7月
8	龙船花 茜草科 龙船花属	常绿灌木，喜光，喜温暖湿润的气候，较耐旱，稍耐半荫，不耐寒和水湿	龙船花花色丰富，花叶秀美，具有较高的观赏价值，常高低错落栽植于庭院、风景区、住宅小区内	花红色、白色、黄色等	3～12月
9	美人蕉 美人蕉科 美人蕉属	喜光，喜温暖气候，不耐寒	植株形态优美，花色艳丽，是景观设计中的常用绿植材料，可丛植、片植、群植于草坪、水边、池畔和庭院内，栽植于假山置石中也有别有一番风味	叶片翠绿，花红色、黄色	3～12月
10	紫薇 千屈菜科 紫薇属	喜光，喜温暖湿润的气候，耐干旱，抗寒	可栽植于花坛、建筑物前，院落里，池畔等地。同时也是做盆景的好材料，可孤植、片植、丛植和群植	花白色和粉红色	6～9月

三角梅

扶桑

非洲茉莉

毛杜鹃

龙船花

2. 观叶灌木

◉ 观叶灌木：是指叶片具有较高观赏价值的灌木植物。例如叶片终年常绿，可以营造绿色灌木带；叶片经秋冬季节变色，可以营造四季变幻的植物景观。一般具有较高观赏价值的秋季叶、冬季叶多为红色、橙色、黄色等，叶色色彩鲜艳，与常见绿叶形成鲜明对比。叶形奇特，具有趣味，也是观叶植物的亮点之一，比如叶片似鹅掌的鹅掌柴、似星形的八角金盘等。

园林造景中常用的观叶灌木有很多，常见观叶灌木列举见下表。

序号	植物名称 科、属	植物习性	配置手法	色彩	观赏期
1	红花檵木 金缕梅科 檵木属	常绿灌木，喜光，喜温暖气候，耐旱，耐寒，稍耐荫，耐修剪，耐瘠薄	红花檵木由于其花色叶色艳丽以及耐修剪的特点，在城市及园林绿化中有着重要的地位。常与金叶女贞和雀舌黄杨等植物搭配栽植，修剪成红绿色带装饰道路景观，也可丛植、群植于公园或小区，也可修剪成造型各异的灌木球，景观效果佳	花紫红色，新叶鲜红色	全年
2	八角金盘 五加科 八角金盘属	喜温暖湿润的气候，耐荫，稍耐寒，不耐干旱	南天星科草本植物，叶掌状，耐荫蔽，是良好的地被植物	绿色	全年
3	鹅掌柴 五加科 鹅掌柴属	喜温暖湿润的气候，喜半荫的生长环境，忌干旱	是较常见的盆栽植物，也可栽植于林下，营造不同层次的园林景观	绿色	全年
4	变叶木 大戟科 变叶木属	喜高温湿润的气候，喜阳光充足的环境，不耐寒	革质叶片色彩鲜艳、光亮，常被用作盆栽材料，是优良的观叶树种。可栽植于公园、绿地等地	叶色鲜艳斑驳，黄色、红色、绿色交替	全年
5	金边黄杨 卫矛科 卫矛属	喜光，喜温暖的气候，耐寒，耐干旱，耐瘠薄和修剪，稍耐荫	金边黄杨为大叶黄杨的变种之一，常绿灌木或小乔木，适宜与红花檵木、南天竹等观叶植物搭配栽植	叶缘金黄色，叶片绿色	全年
6	洒金珊瑚 山茱萸科 桃叶珊瑚属	喜较荫蔽的环境，喜温暖湿润的气候，耐修剪，不太耐寒	洒金珊瑚叶片较大，色彩艳丽，叶片上有斑驳的金色，枝繁叶茂，因其耐荫的特点，适宜栽植于疏林下，荫湿地较常栽植	绿色	全年
7	金叶女贞 木犀科 女贞属	喜光，喜疏松肥沃的沙质土，较耐寒，不耐荫	叶色金黄，具有较高的绿化和观赏价值。常与红花檵木配植做成不同颜色的色带，常用于园林绿化和道路绿化中	叶金黄色	全年
8	紫叶小檗 小檗科 小檗属	喜光，耐寒，耐修剪，耐半荫	紫叶小檗也称为红叶小檗，枝条丛生，幼枝紫红色，老枝紫褐色，叶片紫红，是优良的观叶植物。紫叶小檗因其耐修剪的特点，常用来和其他常绿植物一同搭配作色块组合布置花坛或花镜。	叶紫红色	3 ~ 10月
9	南天竹 小檗科 南天竹属	喜温暖湿润的气候，耐水湿和干旱，稍耐荫，较耐寒	常绿木本小灌木。南天竹叶片互生，到秋季时叶片转红，并伴有红果，株形秀丽优雅，不经人工修剪的南天竹有自然飘逸的姿态，适合栽植在假山旁，林下，是优良的景观造景植物	绿色，秋叶红艳	9 ~ 10月
10	小叶棕竹 棕榈科 棕竹属	喜光，喜温暖湿润的气候，喜通风半荫的环境，耐荫，稍耐寒，不耐烈日曝晒，不耐水湿	小叶棕竹是棕竹的品种之一，丛生常绿小乔木和灌木，是热带、亚热带较常见的常绿观叶植物。茎干直立且纤细优雅，叶片掌状而颇具特色	绿色	全年

八角金盘

鹅掌柴

变叶木

洒金珊瑚

3. 观果灌木

● 观果灌木：是指果实具有一定观赏价值的灌木植物。这类灌木植物一般果实颜色鲜艳、形状奇特。

园林绿化中常运用观赏价值较高的观果灌木点缀主景，尤其在秋冬季节，百花凋敝，垂挂于枝头的鲜艳果实也是装点景观的美丽武器。

常见观果灌木列举见下表。

序号	植物名称 科、属	植物习性	配置手法	色彩	观赏期
1	南天竹 小檗科 南天竹属	喜温暖湿润的气候，耐水湿和干旱，稍耐荫，较耐寒	常绿木本小灌木。南天竹叶片互生，到秋季时叶片转红，并伴有红果，株形秀丽优雅，果实小且红艳，具有非常高的观赏价值	绿色， 秋叶红艳	9 ~ 10月
2	石榴 石榴科 石榴属	喜光，喜温暖向阳的环境，耐寒，耐干旱和瘠薄，不耐荫	石榴树形优美，枝叶繁茂，盛花期时花开满枝，颜色鲜艳，秋季挂果，果实红艳。可孤植或对植于门旁、小径边	叶绿色， 花果红色	3 ~ 10月
3	稠李 蔷薇科 稠李属	喜光，耐荫，不耐干旱和瘠薄，有一定的抗寒能力	可孤植、丛植或群植于公园和小区	叶绿色， 花白色， 果黑色	3 ~ 10月
4	西府海棠 蔷薇科 苹果属	喜光，耐寒，较耐干旱，在我国北方比较干燥的地区生长良好	西府海棠树干直立，树形秀丽优雅，花红、叶绿，果实小巧可人，常用于我国北方地区的庭院绿化中，可孤植、列植或丛植于水滨湖畔和庭院一角。因与玉兰、牡丹、桂花同植一处，取其音与意，有"玉棠富贵"之意，是造景的优选植物材料	叶绿色， 花粉红色	4 ~ 5月
5	金银忍冬 忍冬科 忍冬属	喜强光，喜温暖气候，稍耐干旱，较耐寒，不宜栽植于林下等阳光直射不到的地方	金银忍冬是花果均有较高观赏价值的花灌木。春季可赏其花闻其味，秋季可观其累累红果。花色初为白色，渐而转黄，远远望去，金银相间，甚为美丽。金银忍冬可丛植于草坪、山坡和建筑物附近	花白色、 黄色，果实红色	5 ~ 10月
6	接骨木 忍冬科 接骨木属	喜光，喜向阳，喜肥沃疏松的土壤，耐荫，耐干旱，较耐寒，不耐水湿	接骨木花小而密集，果实红艳，是优良的观花观果植物	花白色、 淡黄色， 果红色	4 ~ 10月

南天竹

石榴

西府海棠

接骨木

4. 观枝干灌木

● 观枝干灌木：是指株形奇特、枝干形态或色泽美丽，具有较高观赏价值的灌木植物。

常见观枝干灌木列举见下表。

序号	植物名称 科、属	植物习性	配置手法	色彩	观赏期
1	红瑞木 山茱萸科 梾木属	喜光，喜温暖潮湿的环境，喜肥沃且排水良好的土壤	红瑞木秋叶红艳，小果洁白，叶落后枝干鲜红似火，十分艳丽夺目，是园林中少有的观茎植物。可丛植于庭院或草坪上，与常绿乔木相间种植，红绿相映生辉	枝干鲜红， 秋叶鲜红	8 ~ 12月
2	棣棠 蔷薇科 棣棠花属	喜温暖湿润的气候，喜通风半荫的环境，不耐寒	棣棠枝叶秀丽，花色金黄，盛花期时，花开满枝。可栽植于庭院墙角或建筑物旁。也可配植于疏林草地。颇为雅致美丽	花黄色	4 ~ 6月

（续）

序号	植物名称 科、属	植物习性	配置手法	色彩	观赏期
3	迎春 木犀科 素馨属	喜光，喜温暖湿润的气候，喜疏松肥沃且排水良好的土壤，稍耐荫	迎春花花如其名，每当春季来临，迎春花即从寒冬中苏醒，花先于叶开放，花色金黄，垂枝柔软。迎春花花色秀丽，枝条柔软，适宜栽植于城市道路两旁，也可配植于湖边、溪畔、草坪和林缘等地	花金黄色	3 ~ 4月
4	小蒲葵 棕榈科 蒲葵属	喜光，喜温暖湿润的气候，耐干旱和瘠薄，耐盐碱，稍耐荫，稍耐寒	四季常绿，是营造热带风情效果的重要植物。叶片可制作蒲扇。可栽植于公园、景区、道路两旁。也可与其他棕榈科植物，如海枣、针葵、红铁树和鱼尾葵等搭配栽植	绿色	全年
5	紫薇 千屈菜科 紫薇属	喜光，喜温暖湿润的气候，耐干旱，抗寒	可栽植于花坛，建筑物前，院落里，池畔等地。同时也是做盆景的好材料，可孤植、片植、丛植和群植	花白色和粉红色	6 ~ 9月
6	龙爪槐 豆科 槐属	喜光，喜肥沃深厚的土壤，稍耐荫	树形优美，树冠奇特，花芳香，是优良的行道树种和庭院绿化树种	叶绿色	全年

红瑞木

棣棠

迎春

龙爪槐

第三节　草本花卉植物

- 定义：草本花卉是指木质部不发达，木质化程度较低，植株茎干为草质茎且株形较小、植株较低矮的花卉植物。
- 形态和特点：植株低矮、草质茎柔弱、种类繁多、花形花色丰富。
- 类型：一二年生草本植物、多年生草本植物。

1. 一二年生草本植物

- 一二年生草本植物：分为一年生草本植物和二年生草本植物。一年生草本植物是指生活期为一年，一年时间里萌芽、生长、开花、结果和死亡。二年生草本植物是指生活期跨越两年，一般是秋季播种后，第二年春季开花，然后结果，最后死亡。

一二年生草本花卉生命力短暂，寿命短，但生长速度快，能够在较短的时间内达到开花的效果。这类草本植物多以观花为主，其花形美丽、花色鲜艳，而且花期大多一致，所以是园林绿化营造花坛、花境等景观的良好材料。

常见一二年生草本花卉列举见下表。

序号	植物名称 科、属	植物习性	配置手法	色彩	观赏期
1	一串红 唇形科 鼠尾草属	喜光，耐半荫，不耐寒，不耐水湿	一串红花色红艳，花期长，是城市绿化中常用的草本花卉，适宜栽植于花坛、花境和花丛之中，也可与其他色彩丰富的花卉组成色块营造色彩斑斓的花卉景观	花红色	8 ~ 11月
2	矮牵牛 茄科 碧冬茄属	喜光，喜温暖向阳的环境，喜疏松肥沃且排水良好的沙质土壤	矮牵牛品种繁多，花色丰富，是优良的室内室外装饰材料	花红色、紫色、粉色等	4 ~ 11月
3	万寿菊 菊科 万寿菊属	喜光，喜温暖向阳的环境，耐半荫，耐移植，耐寒，耐干旱，对土壤要求不高	万寿菊花大，花色鲜艳，常用来布置各式花坛	花黄色、橙色	8 ~ 9月

（续）

序号	植物名称 科、属	植物习性	配置手法	色彩	观赏期
4	月见草 柳叶菜科 月见草属	耐酸，耐干旱和瘠薄，对土壤要求不高	花小，花色为黄色，适宜栽植于花坛、花丛中做点缀之用	花黄色	7～9月
5	凤仙花 凤仙花科 凤仙花属	喜光，喜温暖向阳的环境，喜疏松肥沃的土壤，耐热，不耐寒，较耐瘠薄	凤仙花花姿卓越，是美化花坛、花境的常用材料	花红色、粉色、紫色等	6～8月
6	虞美人 罂粟科 罂粟属	喜光，喜肥沃且排水良好的土壤，耐寒，不耐炎热	虞美人花形美丽，花色艳丽，是花坛、花境的常用材料	花红色	5～8月
7	鸡冠花 苋科 青葙属	喜光，喜温暖干燥的气候，不耐干旱，不耐水湿，不耐霜冻，不耐瘠薄，对土壤的要求不高	鸡冠花花形花色似鸡冠，花朵大且色彩亮丽，花期长，是园林中常见的绿化和美化材料。可栽植于花坛和花境中，也可做成立体花坛	花红色	7～12月
8	半枝莲 唇形科 黄芩属	喜温暖湿润的气候，喜半荫湿润的环境，对土壤的要求不高	半枝莲植株较低矮，密集丛生，花期长，花叶茂盛，是点缀草地、花坛和花镜的优良材料	花淡紫色	5～10月
9	雁来红 苋科 苋属	喜光，喜湿润通风的环境，喜肥沃且排水良好的土壤，耐干旱，不耐寒，不耐水湿	雁来红又被称为三色苋，是优良的观叶植物，是花坛、花境的常用材料，也可大量栽植于草坪之中，可与其他色彩鲜艳的花草植物组成绚丽的花卉图案	花红色	6～10月
10	千日红 苋科 千日红属	喜光，喜疏松肥沃的土壤，耐干旱，耐热，不耐寒	千日红花如其名，花期长，花色红艳，是花坛、花境的常用材料	花红色	7～10月

一串红

矮牵牛

万寿菊

千日红

2. 多年生草本植物

● 多年生草本植物：是指能够生长存活两年以上的草本植物。这一类的草本植物的植株可以分为地上部分和地下部分。一部分多年生草本植物其地上部分每年会随着春夏秋冬季节的交替而生长和死亡，而地下部分，如植物的根、茎等部位会保持活力，等到来年再焕发新芽；而另一部分的多年生草本植物，地上部分和地下部分均为多年生状态。

常见多年生草本花卉列举见下表。

序号	植物名称 科、属	植物习性	配置手法	色彩	观赏期
1	半枝莲 唇形科 黄芩属	喜温暖湿润的气候，喜半荫湿润的环境，对土壤的要求不高	半枝莲植株较低矮，密集丛生，花期长，花叶茂盛，是点缀草地、花坛和花镜的优良材料	花淡紫色	5～10月
2	石竹 石竹科 石竹属	喜光，喜肥沃深厚的土壤，耐寒，耐干旱，不耐炎热，不耐水湿	石竹茎直立，花色艳丽且色彩丰富，花瓣边缘似铅笔屑。是花坛、花境的常用材料，也可用来点缀草坪及坡地，栽植于行道树的树池中也是一道美丽的风景	花红色等	5～9月
3	飞燕草 毛茛科 飞燕草属	喜光，喜凉爽湿润的气候，喜肥沃湿润且排水良好的酸性土壤，耐干旱，稍耐水湿	飞燕草花形独特，色彩素雅，可以丛植于草坪上，是花坛、花境的常用材料	花紫色	5～8月
4	三色堇 堇菜科 堇菜属	喜光，喜凉爽的气候，喜肥沃且排水良好的土壤，较耐寒	三色堇因其花瓣上有三种不同颜色对称分布而得其名，是装饰春季花坛的主要花卉之一	花黄色、紫色、黑色等	6～9月

（续）

序号	植物名称 科、属	植物习性	配置手法	色彩	观赏期
5	美女樱 马鞭草科 马鞭草属	喜光，喜疏松肥沃的土壤，喜温暖湿润的气候，较耐寒，不耐干旱，不耐荫	美女樱植株较低矮，花色丰富，花小而密集，是良好的地被材料。可栽植于花坛、花境中，也可栽植于城市道路绿化带中点缀和调节单调的绿色景观	花粉色、红色等	5～11月
6	鸢尾 鸢尾科 鸢尾属	喜光，喜湿，喜湿润且排水良好的土壤，可生长于沼泽、浅水中，耐寒，耐半荫	鸢尾叶片清秀翠绿，花色艳丽且花形似翩翩蝴蝶，是庭院绿化的优良花卉，可栽植于花坛、花镜中，也可栽植于湖边溪畔	花蓝紫色	4～6月
7	玉簪 百合科 玉簪属	喜荫湿的环境，喜肥沃深厚的土层，耐寒，不耐强阳光直射	玉簪是荫性植物，耐荫，喜荫湿的环境，适宜栽植于林下草地，丰富植物群落层次。玉簪叶片秀丽，花色洁白，且具有芳香，花于夜晚开放，是优良的庭院地被植物	叶绿色，花白色	6～9月
8	牡丹 毛茛科 芍药属	喜光，喜温暖、干燥的环境，喜深厚肥沃且排水良好的土壤，耐寒，耐干旱和弱碱，不耐水湿，忌强阳光直射	牡丹品种繁多，花色各异，有黄色、粉色、绿色等多种颜色。牡丹花色、花香和姿态均佳，是庭院绿化的优良选择	花粉色等	4～5月
9	芍药 毛茛科 芍药属	喜光，耐干旱	芍药被称为花相，花形、花色俊美，是庭院绿化的优良品种	花淡紫色	5～6月
10	文竹 天门冬科 天门冬属	喜温暖湿润的气候，喜通风良好的环境，忌强阳光直射，不耐寒，不耐干旱	文竹枝叶秀丽，姿态优美典雅，是制造假山、盆景的优良材料	叶绿色	全年

石竹

三色堇

美女樱

鸢尾

第四节 藤本植物

- 定义：藤本植物，也被称为攀缘植物。藤本植物的茎比较细长且柔软，不能直立，需要依附于其他植物或外在物体才能生长。
- 形态：颈部细长柔软，无法直立，一般攀附于其他植物或者物体生长，也有匍匐于地面生长的类型。
- 类型：攀缘类藤本植物、缠绕类藤本植物、吸附类藤本植物。

常见藤本植物列举见下表。

序号	植物名称 科、属	植物习性	配置手法	色彩	观赏期
1	常春藤 五加科 常春藤属	常绿攀缘藤本植物，耐荫性较强，同时也能在阳光充足的环境下生长，具有一定的耐寒力	常春藤叶片呈近似三角形，终年常绿，枝繁叶茂，是极佳的垂直绿化植物。适宜栽植于墙面、拱门、陡坡和假山等地。也可以栽植于悬挂花盆中，使枝叶下垂，营造空间中的立体绿化效果	绿色	常年
2	紫藤 蝶形花科 紫藤属	缠绕类藤本植物，落叶，木质，喜温暖湿润的气候，喜光，耐瘠薄，耐水渍，稍耐荫	紫藤花大，色彩艳丽，花色为紫色，盛花期时，满树紫藤花恰似紫色瀑布一般，是优良的垂直绿化和观赏植物，适宜栽植于公园棚架和花廊，景观效果极佳	花紫色	4～5月

（续）

序号	植物名称 科、属	植物习性	配置手法	色彩	观赏期
3	鸡血藤 豆科 南五味子属	常绿木质藤本植物，喜温暖湿润的气候	鸡血藤四季常绿，枝叶繁茂青翠，盛花期时紫红色花序自然下垂，花色美艳，花形俏丽，适宜栽植于花廊、花架以及运用于建筑物的立体绿化中	叶绿色，花紫红色	全年
4	白花油麻藤 蝶形花科 黎豆属	缠绕类藤本植物，常绿，木质，喜温暖湿润的气候，喜光，耐半荫，不耐干旱和瘠薄	白花油麻藤因为其花形酷似禾雀，因此也被称为禾雀花。禾雀花串状挂满枝头，甚是美丽。白花油麻藤适宜栽植于棚架和花廊上，蔓蔓长枝缓缓垂下，犹如门帘，景观效果极佳	叶绿色，花白色	4～6月
5	凌霄花 紫葳科 紫葳属	攀缘藤本植物，喜光，喜温暖湿润的气候，稍耐荫，较耐水湿	凌霄花漏斗状的花形状美丽，花色鲜艳，是园林绿化中的重要材料之一。可栽植于墙头、廊架等地，也可经过轻微修剪做成悬垂的盆景放于室内	花红色、橙色	5～8月
6	爬山虎 葡萄科 爬山虎属	吸附类藤本植物，落叶，木质，喜荫湿的气候和环境，耐寒，对环境的适应性较强	爬山虎新叶时叶片嫩绿，秋季变为鲜红色，色彩夺目，可用来作为垂直绿化植物装饰墙面和棚架，也可作为地被植物运用	新叶嫩绿色，秋叶鲜红色	3～11月
7	五叶地锦 葡萄科 爬山虎属	吸附类藤本植物，落叶，木质，喜荫湿的气候和环境，耐寒，对环境的适应性较强	五叶地锦叶具五小叶，新叶时叶片嫩绿，秋季变为鲜红色，色彩夺目，可作为垂直绿化植物装饰墙面和棚架，也可作为地被植物运用	新叶嫩绿色，秋叶鲜红色	3～11月
8	金银花 忍冬科 忍冬属	缠绕类灌木植物，常绿，木质，喜光且耐荫，耐干旱，耐水湿，适应性强	金银花枝叶常绿，花小，有芳香，适宜栽植于庭院角落，可攀缘墙面和藤架，盛花期时，花香馥郁，白花点点	叶绿色，花白色	4～10月
9	绿萝 天南星科 麒麟叶属	多年生常绿藤本植物，喜温暖湿润的气候，忌强光直射，耐荫性较强	绿萝叶片偏大，叶形美丽，四季常青，是较好的庭院景观观赏植物。由于绿萝栽培容易，又能水养，近年来已经成为办公室和家居环境的新宠。园林运用中，较适宜栽植于墙面和拱门，可作垂直绿化材料，因具备较强的耐荫性，栽植在林下做地被植物也是不错的	绿色	全年
10	茑萝 旋花科 牵牛属	缠绕类一年生草本植物，喜温暖的气候，喜光，耐干旱瘠薄	茑萝叶片互生，裂如丝状，叶形奇特，花朵碟状，呈五角形状，花较小，但颜色艳丽，茎蔓下垂，红花随风飘动，惹人喜爱，适宜栽植于花架或廊架等地	花红色	7～10月

紫藤

凌霄花

金银花

茑萝

第五节　草坪及地被植物

● 定义：地被植物是指那些株丛密集、低矮的植物，它们经简单管理即可用于代替草坪覆盖在地表、防止水土流失，能吸附尘土、净化空气、减弱噪声、消除污染并具有一定观赏和经济价值。它不仅包括多年生低矮草本植物，还包括一些适应性较强的低矮、匍匐型的灌木和藤本植物。

● 形态：植株丛生、密集且低矮。

● 类型：匍匐型灌木、草坪植物、藤本植物。

常见草坪地被植物列举见下表。

序号	植物名称 科、属	植物习性	配置手法	色彩	观赏期
1	肾蕨 肾蕨科 肾蕨属	多年生草本植物，喜温暖湿润较荫蔽的环境，忌阳光直射	肾蕨是应用比较广泛的观赏蕨类植物。由于其叶片细腻翠绿，姿态动人，可用来点缀山石、假山，也可作为地被植物栽植于林下和花境边缘。近几年肾蕨在插花艺术中也有不少体现	绿色	全年
2	冷水花 荨麻科 冷水花属	多年生草本植物，喜温暖多雨的气候，忌强光曝晒，较耐水湿，不耐旱	冷水花因其叶片绿白相间，又被称为西瓜皮。其适应性较强，比较容易繁殖，园林造景中较常使用。冷水花株丛较小，叶面绿白、纹路美丽，花期时盛开白色小花。适宜栽植于水边、林下	绿色	全年
3	沿阶草 百合科 沿阶草属	多年生常绿草本植物，喜温暖湿润的气候，喜半荫	沿阶草又被称为麦冬，总状花序淡紫色或白色。四季常绿，通常成片栽植于林下或水边作地被植物，也可栽植用来点缀山石、假山等	绿色	全年
4	马缨丹 马鞭草科 马缨丹属	多年生灌木，喜温暖湿润的气候，阳光充足时生长茂盛	马缨丹又被称为五色梅，其花初开时为橙黄色，后转为深红色，最后为深紫色，花期近乎全年。叶片翠绿，花朵小但色彩艳丽，可栽植于墙角	叶片绿色	全年
5	银叶菊 菊科 千里光属	多年生草本植物，喜阳光充足的环境，较耐寒，不耐高温	银叶菊叶形奇特似雪花，叶片正反面均有银白色细毛，是良好的观叶植物。适宜栽植于花坛和花境中	银白色	全年
6	常春藤 五加科 常春藤属	常绿攀缘藤本植物，耐荫性较强，同时也能在阳光充足的环境下生长，具有一定的耐寒力	常春藤叶片近似三角形，终年常绿，枝繁叶茂，是极佳的垂直绿化植物。适宜栽植于墙面、拱门、陡坡和假山等地。也可以栽植于悬挂花盆中，使枝叶下垂，营造空间中的立体绿化效果	绿色	全年
7	络石 夹竹桃科 络石属	常绿木质藤本植物，喜光，喜较荫湿的环境，较耐旱，不耐涝，对土壤的要求不高	络石在园林中常作地被植物栽植于林下或山石边，也可攀缘于墙面和陡坡作垂直绿化使用	绿色	全年
8	鸢尾 鸢尾科 鸢尾属	多年生草本植物，喜阳光充足的环境，耐寒力强，耐半荫	鸢尾叶片翠绿扁平，花色艳丽，可栽植于林下作地被植物，也可栽植于花坛和花境中，与风车草、春羽等植物配植在水边池畔等地，景观效果佳	绿色，花紫色等	7～8月
9	红花酢浆草 酢浆草科 酢浆草属	多年生草本植物，喜温暖湿润的气候，喜阳光充足的环境，耐干旱，较耐荫	红花酢浆草叶片基生，3片小叶呈心形，甚为美丽，花小色红，花随日出而开，日落而闭，常成片栽植于林下作地被植物。带状栽植于草坪中，万绿丛中一条红带，景观效果佳	叶绿色，花红色等	3～12月
10	马蹄金 旋花科 马蹄金属	多年生草本植物，喜温暖湿润的气候，具有强耐荫性，强耐热性和耐寒性，具有一定的耐践踏能力	马蹄金又被称为金钱草，阔心形叶片小而翠绿，由于其适应能力强且具有一定耐荫性和耐践踏能力，因而是优良的草坪及地被绿化植物，可栽植于林下做地被，也可成片栽植于沟坡、陡坡等地	绿色	全年
11	彩叶草 唇形科 鞘蕊花属	多年生草本植物，喜高温多雨的气候，喜阳光充足的环境	彩叶草叶片色彩丰富，是较好的观叶植物，可栽植于花坛花境中，或者点缀于山石间和绿植丛中	叶片五彩斑斓	全年
12	葱兰 石蒜科 葱莲属	多年生常绿草本植物，喜温暖湿润的气候，喜阳光充足的环境，不太耐寒	葱兰，也被称为风雨花，植株挺立，带状栽植郁郁葱葱。因其叶片四季常绿，可成片带状栽植于花坛边缘和草坪边缘，较常使用于路边小径的地面绿化，是良好的地被植物	叶浓绿，花洁白	全年
13	韭兰 石蒜科 葱莲属	多年生常绿草本植物，喜温暖湿润的气候，喜阳光充足的环境，不太耐寒	韭兰，也被称为红风雨花，其园林配植特点与葱兰相同	叶浓绿，花绯红	全年

（续）

序号	植物名称 科、属	植物习性	配置手法	色彩	观赏期
14	马蹄莲 天南星科 马蹄莲属	多年生草本植物，喜温暖湿润的气候，喜疏松肥沃的土壤，忌强阳光直射	马蹄莲叶片厚实且碧绿，花色洁白，花形奇特。马蹄莲在插花和切花中运用较多，也可作为盆栽置于茶几书桌上	花白色	3 ~ 8月
15	假俭草 禾本科 蜈蚣草属	暖季型多年生草坪草，喜温暖湿润的气候，耐瘠薄，较耐旱，耐粗放管理，不耐荫	为优良的草坪植物	绿色	全年
16	沟叶结缕草 禾本科 结缕草属	暖季型草坪草，喜温暖湿润的气候，喜光，耐瘠薄，耐干旱，稍耐寒	又被称为马尼拉草，为优良的草坪植物	绿色	全年
17	细叶结缕草 禾本科 结缕草属	暖季型多年生草坪草，喜温暖湿润的气候，喜光，耐瘠薄，耐干旱，不及沟叶结缕草耐寒	又被称为台湾草，为优良的草坪植物	绿色	全年
18	狗牙根 禾本科 狗牙根属	暖季型多年生草坪草，喜温暖气候，喜光，耐炎热，耐干旱，稍耐荫	又被称为百慕大草，是优良的草坪植物，是目前高尔夫球场最普遍的草种植物	绿色	全年
19	地毯草 禾本科 地毯草属	暖季型多年生草坪草，喜温暖湿润的气候，耐贫瘠	又被称为大叶油草，是优良的草坪植物	绿色	全年
20	百喜草 禾本科 雀稗属	暖季型多年生草坪草，喜温暖湿润的气候	是优良的草坪植物	绿色	全年

肾蕨

冷水花

银叶菊

络石

第二章　城市公共空间植物景观设计要点解析

市政工程是指市政设施建设工程。在我国，市政设施是指在城市区、镇（乡）规划建设范围内设置、基于政府责任和义务为市民提供有偿或无偿公共产品和服务的各种建筑物、构筑物和设备等。城市生活配套的各种公共基础设施建设都属于市政工程范畴，例如常见的城市道路、桥梁、地铁，与生活紧密相关的各种管线如雨水、污水、上水、中水、电力（红线以外部分）、电信、热力、燃气等，还有广场、城市绿化的建设等。

基于市政工程范畴内的景观设计即市政区的景观设计，而市政区的植物景观设计能够美化市政项目的风貌，更好地促进及提高市政工程带给居民的感受。在市政区景观设计中以城市道路景观设计和城市公园景观设计为主体。

→

设计公司：深圳毕路德建筑顾问有限公司　　项目名称：观音文化园

↑ 设计公司：深圳奥雅设计股份有限公司　　项目名称：重庆儿童公园

商业区主要指城市内商业综合体、商业步行街、商业产业园等区域，商业区的植物景观设计能够改善和提高人们在购物、消费、工作时的环境条件，消除疲劳，同时也是商业景点的重要组成部分。良好的植物景观设计可以增加人流量，提高商业人群的体验和感受。

→
设计公司：LANDAU 朗道国际设计　　项目名称：东原郦湾

↓ ①-② 设计公司：LANDAU 朗道国际设计
项目名称：万科云间传奇

①

②

第一节　城市公共空间植物景观设计的原则

市政商业空间是市民工作之余享受生活、放松身心的休憩场所。市政商业空间的景观与市民的生活息息相关，因此其植物景观设计也具有重要作用和意义。植物景观设计要具有艺术性和科学性，不能随意堆砌也不能杂乱无章地种植；要做到于自然中井井有条，看似自然生态而无序，实则是按照步骤、路线和各种植物的生长要求和环境的要求进行设计的。市政商业空间植物景观设计具有一定的基本原则，掌握后再进行设计和安排，才能营造利于城市发展和市民生活的优秀景观。

1. 因地制宜原则

因地制宜，即根据环境的客观和实际情况，采取切实有效的方法，使人适应自然、回归自然，从而达到返璞归真、天人合一的和谐境界。

↑ 设计公司：LANDAU 朗道国际设计　　项目名称：东原郦湾

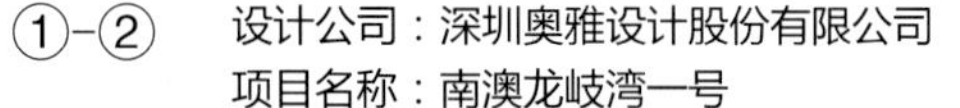

①-②　设计公司：深圳奥雅设计股份有限公司
项目名称：南澳龙岐湾一号

植物景观设计应充分考虑到植物种类的多样性和因地制宜两方面。在实际配置设计中，应以当地的乡土树种为主，选择适宜在当地生长和发展的植物种类，并辅以当下热门、流行的植物进行点缀和装饰。在使用外来物种时也要密切关注其生长状况，观察其是否适宜本地生长、是否具有侵略性等。例如，在我国南方栽植良好，能够营造度假风情的棕榈科树种，因其生长所需的温度和耐寒能力所限，不能在我国北方城市良好生长，甚至在寒冷的地区，会有栽植后死亡的情况发生。

2. 以人为本原则

市政商业空间景观设计的初衷和目的就是营造美丽家园从而提高市民生活水平，因此市政区项目的植物景观设计必须遵从以人为本的基本原则，真正做到设计满足人的基本需求和感受，达到为人服务的宗旨。植物景观设计与其他景观设计不尽相同，需要符合人的心理和生理感受，兼顾理性和感性的需求，把优质服务和有益于市民身心健康、舒适放松作为植物景观设计的标准，让环境为人服务，使市民能够更好地融入其生活的环境中去。

↓ ①-② 设计公司：深圳奥雅设计股份有限公司　　项目名称：南澳龙岐湾一号

①

②

3. 生态性原则

合理的植物景观设计要遵从生态性原则。不管多么美丽的景观，如果不能达到可持续性发展的目标，其价值也是昙花一现，并且不具有环保性和生态性。因此，植物景观设计不仅要打造当下的美丽景观，更要考虑未来的景观效果，让植物在时间的长河里越来越丰富，越来越具有其独特的价值。

设计公司：深圳奥雅设计股份有限公司　　项目名称：南澳龙岐湾一号

4. 科学性原则

在植物景观设计过程中要考虑到每种植物自身的生长和生态习性。这就要求我们在提高植物存活率和良好生长的前提下进行设计和创作。满足植物的生态要求，就能够提供植物在后续生长中所需要的各种养分和条件，进而保证植物景观在创作完成后的后续持久性。

设计公司：北京山水心源景观设计院有限公司　贵阳市园林规划设计院　　项目名称：贵阳小车河生态湿地公园

①-② 设计公司：北京山水心源景观设计院有限公司 贵阳市园林规划设计院 项目名称：贵阳小车河生态湿地公园

5. 艺术性原则

城市道路、城市公园等市政项目的植物景观设计是为了营造美丽的城市环境，因此要考虑到观赏性和艺术性等方面。在满足植物生长需要的基础上，利用各种植物栽植方式如列植、丛植、孤植和片植等，突出不同植物的特点和风格。植物与其他装饰物品不一样，它们是有生命的、可以持续不断生长发展的，其形态、色彩甚至是散发出来的味道都会随着四季的变换而产生变化，搭配栽植乔木、灌木、草本花卉和藤本植物，运用其不同的形态、色彩和质感将形式美、意境美和艺术美多样地呈现出来。

①-②

设计公司：深圳奥雅设计股份有限公司
项目名称：南澳龙岐湾一号

①

6. 经济性原则

经济适用原则是从植物景观设计的实用性角度提出的要求。在植物设计的初始阶段、植物景观的搭配以及植物的铺设和栽植等过程中，应当充分考虑道路、公园、河道、步行街、工业园、购物广场等工程项目的性质和设计目的，在保障各项目功能性的前提下进行植物景观设计，要能符合市民对于植物景观的各种需求，从美感、观感以及实际使用等方面进行综合考虑，做到实用大方、合理布局，防止出现过于奢华、追求高档的现象。在植被和景观植物的选择上，主要应挑选适应性强、能体现当地特点的品种。

植物景观设计需要在合理的范围内综合考量人力、物力、财力和土地方面的消耗，尽可能做到以最少的投入获得最大的社会效益和生态效益。植物景观除了前期设计和施工需要投入大量的资源，其后期稳定不间断的长期维护和保养也是一笔需要认真核算的投入，因此在进行设计时可以多选用寿命长、生长速度适中、管理粗放、维护时间短的植物种类。

第二节　城市公共空间植物景观设计的意义

1. 生态功能意义

城市道路绿地、公园绿地等是城市的气候调节器。植物景观以绿色植物作为主体结构，这得益于植物的生长特性，植物具有天然的改善城市环境的作用，如净化空气、屏蔽道路上的噪音污染、吸收二氧化碳、减少尘埃雾霾、调节城市内小气候环境等。

植物能够利用光能制造氧气，增加负氧离子；植物的叶片、枝干、花朵等能够加速降尘，尤其是叶片表面附有细小绒毛的植物，对尘埃具有较大的吸附能力；植物还能够减弱噪音，为道路两旁的居住区以及公园内部的休憩区提供安静舒适的生活环境，据相关实验表明，10 m宽的林带可降低30% 噪音，250 m^2的草坪可使声音衰减 10 分贝。

城市道路绿地有大量稳定的地被植物覆盖，地面上郁郁葱葱的乔木可以保护地表不被阳光和雨水直接破坏，地下植物的根部能保护土壤，不易产生水土流失，有良好的固土作用。

①

②

①-②

设计公司：上海御梵景观工程有限公司
项目名称：常熟厂区花园

2. 社会功能意义

城市道路绿地和公园绿地可以为市民提供良好的休憩空间，可以美化城市环境。现代社会中人们的工作生活压力大、节奏快、精神状态比较焦躁和紧张，适量的城市绿地可以调剂紧张的都市生活，放松市民疲惫的神经，更加有益于市民的身体健康。美丽、干净的城市道路景观和市内公园景观能够提升城市的自身形象和价值，是园林城市的标准之一，体现了一个城市的精神文明面貌和风范。

设计公司：北京山水心源景观设计院有限公司　贵阳市园林规划设计院　　项目名称：百旺公园

设计公司：北京山水心源景观设计院有限公司　　项目名称：北京北极寺公园

第三节　城市公共空间植物景观设计的艺术表现手法

1. 对比与衬托

植物种类之间有较大的差异，有的四季常绿，有的秋冬季落叶；有的叶形宽广，有的叶形纤细如针；有的树形高大雄伟，有的匍匐低矮。合理利用植物的不同形态特征，采用对比的艺术手法突显出植物之间的差异美。

2. 动态和均衡

植物的姿态不同，有的比较规整，如桂花；有的有一种动势，如松树。进行植物景观设计时要讲求植物相互之间或植物与环境中其他要素之间的和谐协调，同时还要考虑植物在不同生长阶段和季节中的变化，不要产生不平衡的状况。

①-② 设计公司：深圳奥雅设计股份有限公司　　项目名称：宁波银亿东岸

3. 起伏与韵律

韵律可以分为“严格韵律”和“自由韵律”两种。道路两旁的植物景观带和狭长地带的植物设计最容易营造出韵律感，在设计时要注意营造纵向的立体感和横向的空间感，通过不同形态的植物营造出高低错落、起伏有序的韵律感，具有韵律感的植物景观如同活跃在眼前的乐符，既有视觉上的美感，也有听觉上的通感。

→

设计公司：深圳奥雅设计股份有限公司
项目名称：宁波银亿东岸

4. 层次与背景

要充分利用乔木、灌木、藤本、草本花卉以及地被植物的特点进行组合，采用多层次地搭配，避免景观画面的单一性和空洞感。背景树宜高于前景树，栽植密度应适宜偏大，最好能够形成绿色屏障，打造一个生态、舒适的植物背景，前景的植物适宜选用形态美丽、色彩鲜艳的种类，能够在绿色背景前突出其观赏特点。

↓ 设计公司：深圳奥雅设计股份有限公司　项目名称：宁波银亿东岸

①–② 设计公司：LANDAU 朗道国际设计　　项目名称：万科云间传奇

南澳龙岐湾一号

风格与特点：

- 风格：现代度假风格。
- 特点：项目以海景为景观主体，以度假为主题，致力于营造现代高端度假风格的酒店式景观。基地中既有风格各异的私人别院，又附属有连绵数百米的生态公园景观带和特色体验馆，能够提供更全面的综合度假体验服务和丰富的公共文化活动。项目结合海边的场地特色，采用现代简洁的设计手法，用流畅的线条体现大海的“博大”和“诗意”。设计强调室外和室内空间的连接和共享，让人们在轻松、愉悦的氛围中与自然亲密接触，充分感受无处不在的海滨风光。

实例解析

- 设计公司：深圳奥雅设计股份有限公司
- 项目地点：广东省深圳市
- 项目面积：66,000m²

景观植物：乔木——水蒲桃、银海枣、加拿利海枣、鸡蛋花、紫薇、黄皮、美丽异木棉、秋枫、凤凰木、老人葵、黄槿等

灌木——龙血树、香桃木、米兰、栀子花等

地被——雪茄花、蓝花鼠尾草、翠芦莉等

该项目位于深圳市大鹏半岛龙岐湾，处在环香港的度假休闲圈内，拥有得天独厚的海滨风光。该项目景观设计的要旨在于处理好公园、居住区及整个海湾的关系，将基地打造成地标式的滨海景观，成为连接整个沿海景观点的重要纽带。

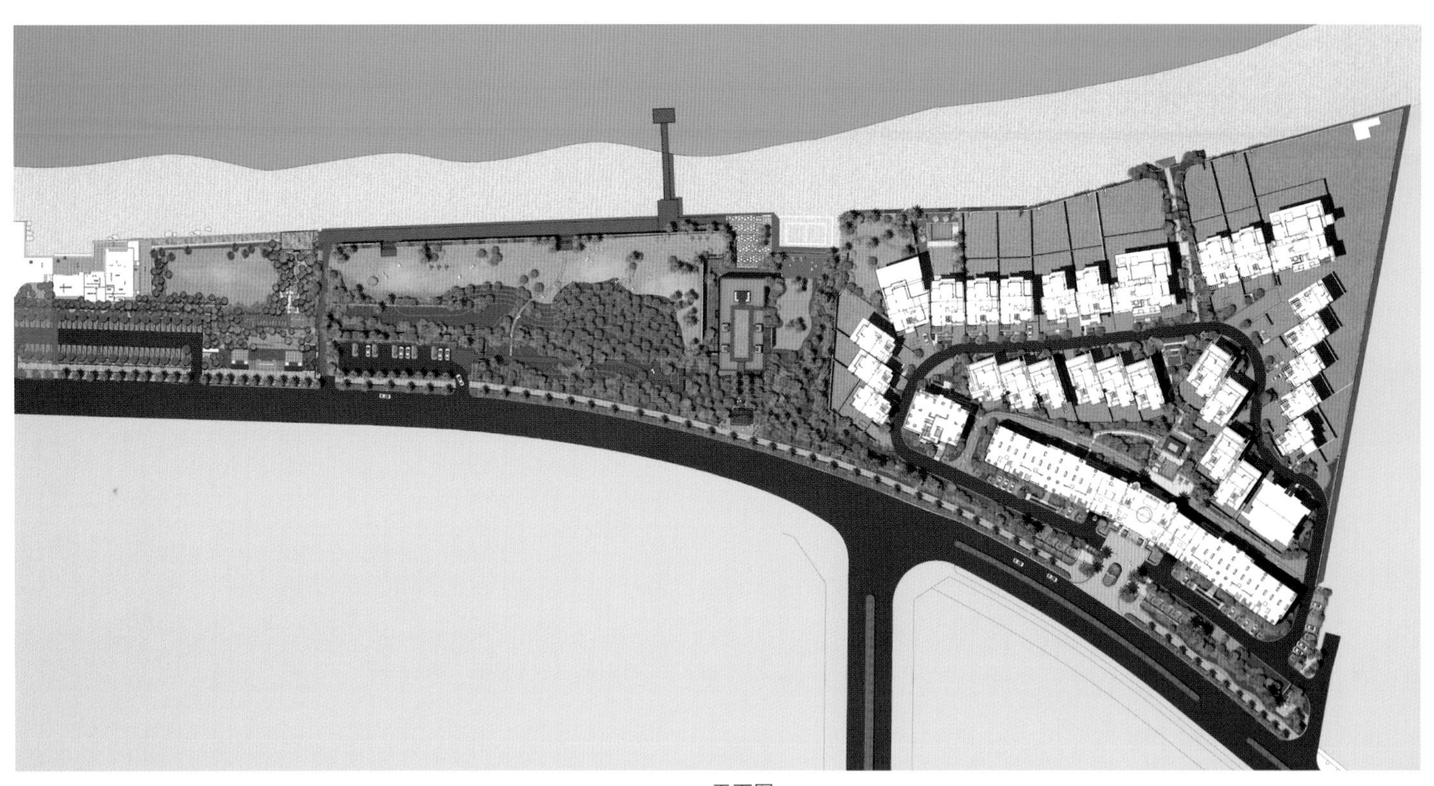

平面图

↑ 点评：水景入口——项目入口处的长幕水景尊贵典雅、动静皆宜，大门两侧由植物中的贵族加拿利海枣把守，结合沙雕质感的形象LOGO及海洋文化的雕塑，在轻松愉悦的背景音乐中，呈现出一个度假酒店式的入口。

植物名称：龙血树

常绿小乔木，树姿美观，富有热带特色，可与棕榈科其他植物搭配栽植营造热带风情效果，也可群植于草坪。

植物名称：蒲桃

常绿乔木，树形高大，分枝低，枝叶繁茂，树冠葱郁似伞状。可以栽植于道路两旁或者多带式道路中间作行道树，也可栽植于湖畔、草坪等空旷地带作景观树种。

植物名称：紫薇

落叶小乔木或灌木，又被称为痒痒树，树干光滑，用手抚摸树干，植株会有微微抖动。紫薇的花期是5~8月，花期较长，观赏价值高。

植物名称：雪茄花
叶片对生，叶革质，全年均可开花，夏季最盛。花色紫红，花朵小巧，植株较低矮，适宜栽植于花坛和花境中，也可做成盆栽，颇具观赏价值。

↑ 植物景观设计：黄皮 + 鸡蛋花 + 银海枣 - 雪茄花 + 蓝花鼠尾草

点评：阳光椰林沙滩——经过通海绿巷，看过了繁华绿景，豁然开朗地看到一条 800m 长的私人尊享海滩。这里有阳光、椰林、软沙、虾蟹，人们可以在其中漫步、闲聊、运动、浮游，尽情享受这片属于自己的阳光沙滩。

植物名称：黄皮
芸香科小乔木，叶片椭圆形、墨绿色，圆锥花序顶生。果实呈椭圆形，色泽橙黄，味美汁多，营养价值高，是我国南方地区较常食用的水果之一。黄皮兼具观赏价值和经济价值。

植物名称：鸡蛋花
落叶小乔木，也称为缅栀子。枝干光秃、自然弯曲，鸡蛋花因其花而闻名。花外围为乳白色，中心为淡黄色，花香浓郁，夏季为盛花期，景致优美。鸡蛋花适合栽植于庭院和草坪，也可与其他景观树搭配栽植。

植物名称：银海枣
棕榈科刺葵属植物，耐炎热，耐干旱，耐水淹。树形高大挺拔，树冠似伞状打开，可与其他棕榈科植物搭配栽植营造热带风情景观。

植物名称：蓝花鼠尾草
唇形科多年生芳香草本植物，原产于地中海，植株灌木状，高约 60cm，花蓝色，常生于山间坡地、路旁、草丛、水边及林荫下。

植物名称：老人葵
树形高大，树冠优美，生长速度快，在入口及轴线景观中应用较多。

植物名称：黄槿
常绿乔木，叶大深绿，枝叶饱满，花黄而大，常用作中下层乔木或背景树。

植物名称：香桃木
常绿小乔木或灌木，叶革质，具芳香，花色洁白或淡粉色，也具有芳香气味，是观赏价值和绿化价值较高的植物。

植物名称：美丽异木棉
落叶大乔木，树形美丽，树冠伞状，花色鲜艳夺目，盛花期整树耀眼夺目，是优秀的园景树和行道树种。

植物名称：秋枫
常绿或半常绿大乔木，树形高大挺拔，树冠圆润，适宜栽植于公园、风景区等地，也可在草坪和河堤附近栽植，是优良的绿化树种。

植物名称：米兰
常绿小乔木或者灌木，叶形小巧，花小洁白，具有浓香。

植物名称：红花鸡蛋花
落叶小乔木，也称为缅栀子。枝干光秃、自然弯曲，鸡蛋花因其花而闻名。花粉红色，花香浓郁，夏季为盛花期，景致优美。鸡蛋花适合栽植于庭院和草坪，也可与其他景观树搭配栽植。

植物名称：翠芦莉
株形较矮，花色为淡雅的紫色，较常见用作地被栽植。也可以栽植于花坛、花钵中，与夏堇、杜鹃、矮牵牛等花卉营造五彩缤纷的景色。

↑ 植物景观设计：黄槿 + 美人树 + 秋枫 + 银海枣 + 凤凰木 + 华棕 + 香桃木 + 米兰 + 红花鸡蛋花 + 翠芦莉 + 栀子花

点评：望海度假客厅——中心部位的观海庭院涵盖游憩、驻足、交谈、品茗等多项功能，处在层层跌错的建筑群之中，惬意盎然，形成水护绿绕的望海客厅。这里水绕闲亭潺潺不息，穿插其中的雕塑各具特色，疏林草地四季皆景，彰显出一片自然惬意的观海盛景。

植物名称：凤凰木
落叶大乔木，树如其名，鲜绿的羽状复叶配上鲜红的花朵给人犹如凤凰般惊艳的感觉。树形高大，盛花期时观赏价值极高，是著名的热带观赏树种。

植物名称：栀子花
常绿灌木，喜温暖湿润的气候，适宜阳光充足且通风良好的环境。花色纯白，花香宜人，是良好的庭院装饰材料，可以丛植于墙角或修剪为高低一致的灌木带、与红花檵木、石楠等植物一同栽植于公园、景区、道路绿化区域等地。

←

点评：台地花园——营造步移景异的景观体验，人穿梭于其中，或安静沉思，或凭栏观海，或寻幽逸趣。花香扑鼻，树影斑斓，人们可以尽情享受这无处不在的美景，充分感受自然的祥和与意趣盎然。

↓

点评：海滨绿廊——连绵 300m 的热带风情景观植物长廊，展现了一片别开生面的滨海风光，多种植物、海洋元素、高景墙等设计与现代度假公寓巧妙融合，交相辉映，彰显出基地得天独厚的滨海度假景观优势。

观音文化园

风格与特点：

- 风格：现代自然风格。
- 特点：公园整体设计实现了对时间、空间、文化等界限的突破，运用旅游线路的方法，把建筑和景观按照街、巷、院的概念合理地融入到场地之中。实现了建筑与景观、文化与产业的无间融合。

观音文化园以浑厚的观音文化为基础，以多彩的民俗民风为血肉，以独特秀美的自然景观为依托，以别出心裁的设计为亮点。不仅是心灵休憩的旅游景点，更是修身养性的文化长廊。

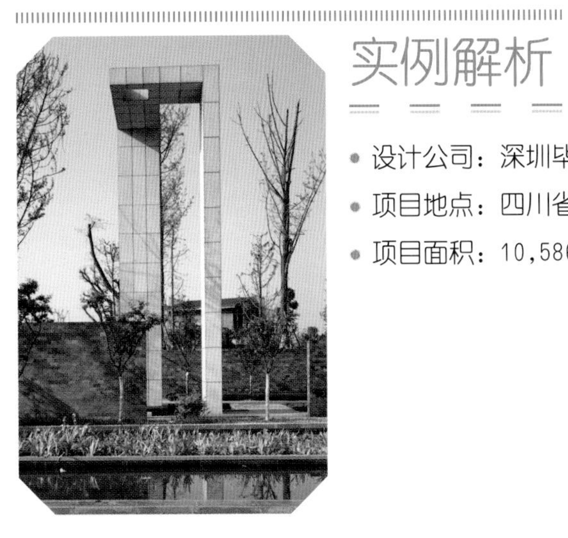

实例解析

- 设计公司：深圳毕路德建筑顾问有限公司
- 项目地点：四川省遂宁市
- 项目面积：10,586m²

景观植物：乔木——乐昌含笑、桂花、蓝花楹、皂荚、香樟、黄金香柳、紫玉兰、广玉兰、四季桂、无患子、碧桃等
灌木——小叶女贞、海桐、棕竹、红叶石楠、月季、芭蕉、黄杨、金叶女贞、红花檵木、风车草、八角金盘等
地被——西洋杜鹃、肾蕨等

本案的设计取材于四川传统民居最为典型的元素，用古韵新风的手法诠释现代川式民居建筑风格的未来走向。设计师试图为留存的形象记忆赋予联想和创新，让街、巷、院每个组成部分都成为历史重载，并且泛着现代川式美感的光芒。

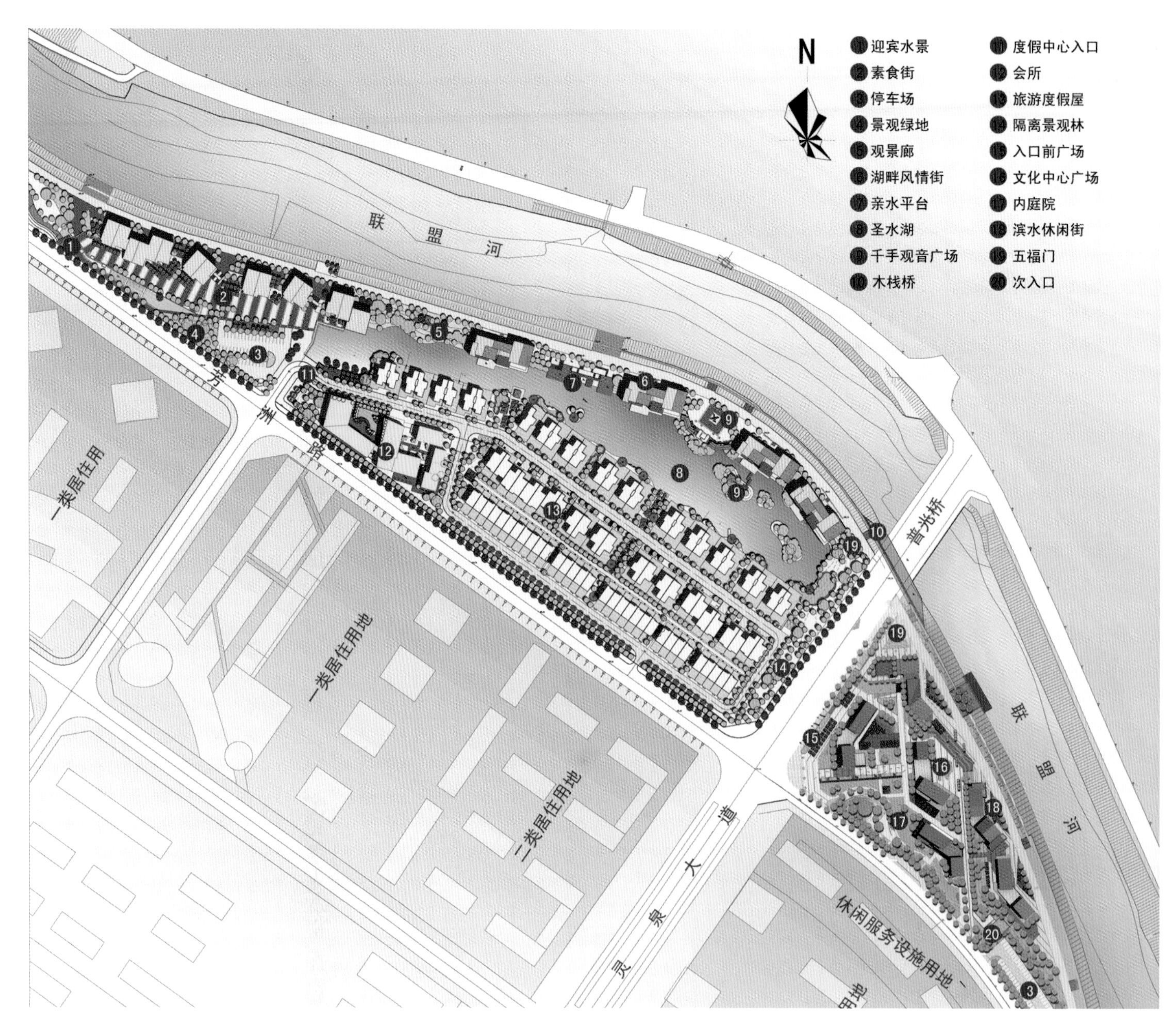

平面图

植物名称：无患子

落叶大乔木，树干挺拔，秋季叶色变黄，是庭院绿化中优良的观叶植物，可与常绿乔木搭配种植，营造季节变换景观。

植物名称：四季桂

木犀科桂花的变种，花色稍白，花香较淡，因其能够一年四季开花，故被称为四季桂，是园林绿化的优良树种。

植物名称：金叶女贞

叶色金黄，具有较高的绿化和观赏价值。常与红花檵木搭配成不同颜色的色带，常用于园林绿化和道路绿化。

植物名称：红花檵木

常绿小乔木或灌木，花期长，枝繁叶茂且耐修剪，常用作园林色块和色带材料。与金叶假连翘等搭配栽植，观赏价值高。

植物名称：小叶女贞

枝叶整齐、耐修剪，是庭院中较常见的景观绿化植物，可以与红花檵木、红叶石楠等植物搭配种植，是重要的绿篱植物。

植物名称：紫玉兰

落叶小乔木或灌木，春季先花后叶，花大紫色，芳香优雅，是中式园林常用树种。

植物名称：八角金盘
草本植物，叶掌状，耐荫蔽，是良好的地被植物。

植物名称：芭蕉
多年生常绿草本植物，叶片宽大，株形优美。栽植于庭院别有一番风味。每逢下雨时刻，便有雨打芭蕉的诗画意境。

植物名称：天竺桂
常绿乔木，树姿优美，树冠生长快，易成绿荫，观赏价值高且病虫害少，可用作行道树及庭荫树。

植物名称：风车草
常叶片伞状，茎杆挺拔，常种植于水边、湖畔，或与假山、湖石相配，由于其四季常青且叶形独特，是水景中常用的观叶植物。

植物名称：蓝花楹
落叶乔木，花有白、粉、蓝紫及红色，其中以蓝紫色最唯美，列植或丛植都有让人震撼的浪漫效果。

植物名称：黄杨
常绿灌木或小乔木，分枝多而密集，枝叶繁茂，叶形别致，四季常青，常用于绿篱和花坛，可修剪成各种形状，用来点缀入口，较少作为乔木栽植。

植物景观设计：乐昌含笑＋无患子＋四季桂＋桂花＋紫玉兰＋芭蕉＋天竺桂＋广玉兰＋蓝花楹－黄杨＋洒金柏＋金叶女贞＋红花檵木＋小叶女贞－八角金盘＋风车草

点评："慧"是本案设计的出发点，更是希望给予游客的感受。观音文化的神圣与包容、民俗气质的古朴和纯净在此地相遇，凝聚成为观音文化园特有的意境。淙淙流水诉说着古老禅文化的空灵和超然，落落庭院蕴藏着纯朴川人的智慧和积淀。

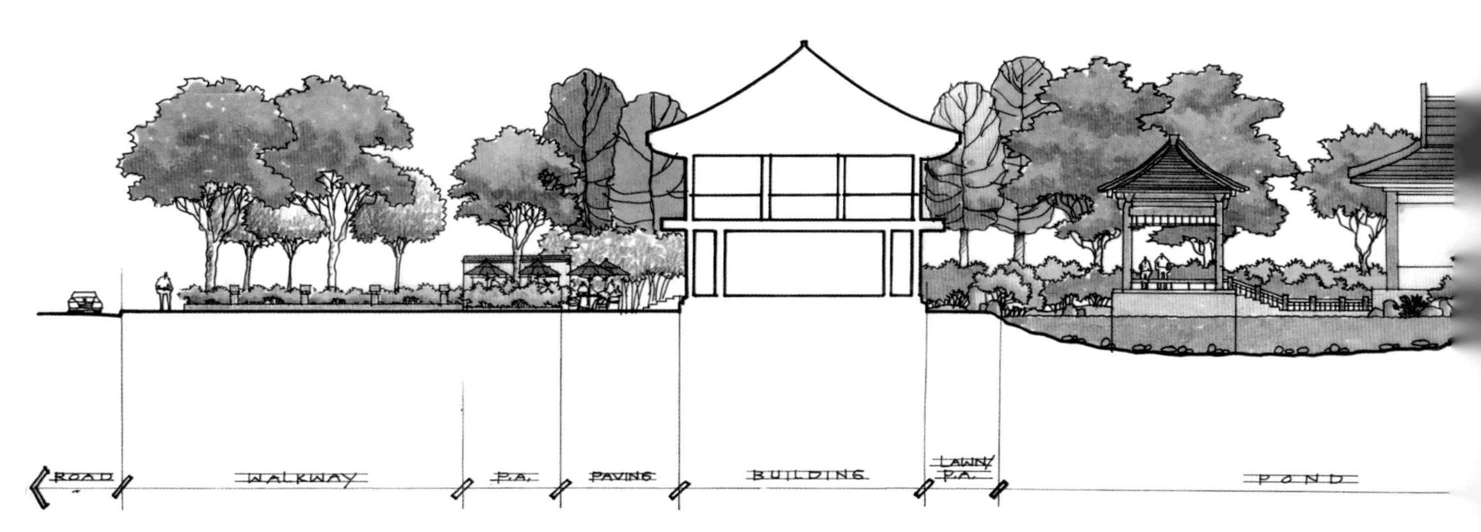

立面图 1

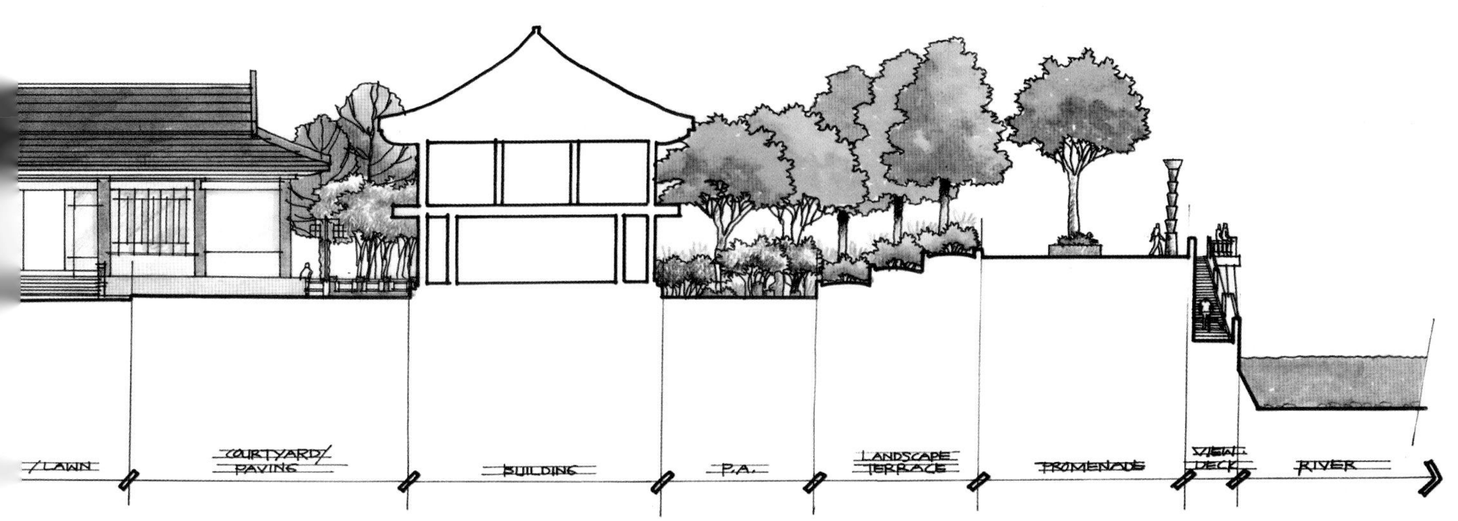
LAWN
COURTYARD/
PAVING
BUILDING
P.A.
LANDSCAPE
TERRACE
PROMENADE
VIEW
DECK
RIVER

植物名称：棕竹
丛生常绿小乔木或灌木，是热带和亚热带较常见的常绿观叶植物。茎杆直立且纤细优雅，叶片掌状，颇具特色。

植物名称：红叶石楠
常绿小乔木，春季时新长出来的嫩叶红艳，到夏季时转为绿色。因其具有耐修剪的特性，通常被做成各种造型运用到园林绿化中。

植物名称：乐昌含笑
树形高大优美，枝叶翠绿浓密，花白色，大而芳香，常用作庭荫树及行道树。

植物名称：黄金香柳
又称为千层金，常绿小乔木或灌木，枝条柔软，枝叶金黄，具有较强的抗风能力，是沿海绿化的重要彩叶树种。黄金香柳的枝叶具有清香，是芳香植物，可以净化空气。

植物景观设计：乐昌含笑 + 黄金香柳 + 广玉兰 + 皂荚 + 香樟 + 蓝花楹 + 桂花 - 杨梅 + 碧桃 - 棕竹 + 红叶石楠 + 小叶女贞 + 西洋杜鹃 + 月季 + 洒金柏 + 海桐 - 白三叶 + 肾蕨

点评：本土符号浓缩着一个地域的人文精神，本案的设计不仅塑造出了具有浓烈地域气息的景观体验空间，而且通过多样化的表达体现本土元素鲜活的生命力。幽径散步、溪边观水、依亭冥思、檐下赏月，特色风貌和气势不但给予当地人得天独厚的自然景观，更让设计师有更为奇妙的灵感和体验。

⑫ 

植物名称：海桐
叶片光滑浓绿，四季常青，可修剪为绿篱或球形灌木用于园林造景，具有良好的抗性，为防火防风林中的重要树种。

⑤ 

植物名称：广玉兰
常绿小乔木，又被称为荷花玉兰，树形高大雄伟，叶片宽大，花如荷花，适宜孤植、群植或丛植于路边和庭院中，可作园景树、行道树和庭荫树。

⑥ 

植物名称：杨梅
小乔木或灌木，树冠饱满，枝叶繁茂，夏季满树红果，甚为可爱，可用作点景树或庭荫树，也是良好的经济型景观树种。

⑦ 

植物名称：西洋杜鹃
矮小灌木，花色鲜艳，花朵大而醒目，适宜栽植于疏林下作地被。

⑧ 

植物名称：月季
又称“月月红”，自然花期为 5 ～ 11 月，开花连续不断，花色多深红、粉红，偶有白色。月季花被称为“花中皇后”，在园林绿化中使用频繁，深受人们的喜爱。

⑨ 

植物名称：碧桃
又名千叶桃花，落叶乔木，花大色艳，开花时美丽漂亮，通常和紫叶李、紫叶矮樱等一起使用。

⑩ 

植物名称：香樟
常绿大乔木，树形高大，枝繁叶茂，冠大荫浓。香樟树可栽植于道路两旁，也可以孤植于草坪中间作孤赏树，是优良的行道树和庭院树。

⑪ 

植物名称：皂荚
落叶乔木，树干粗壮，可栽植于庭前屋后，有一定园林绿化价值，但其经济效益更为重要。

⑬ 

植物名称：肾蕨
与山石搭配栽植效果好，可作为阴生地被植物布置在墙角、凉亭边、假山上和林下，生长迅速，易于管理。

立面图 2

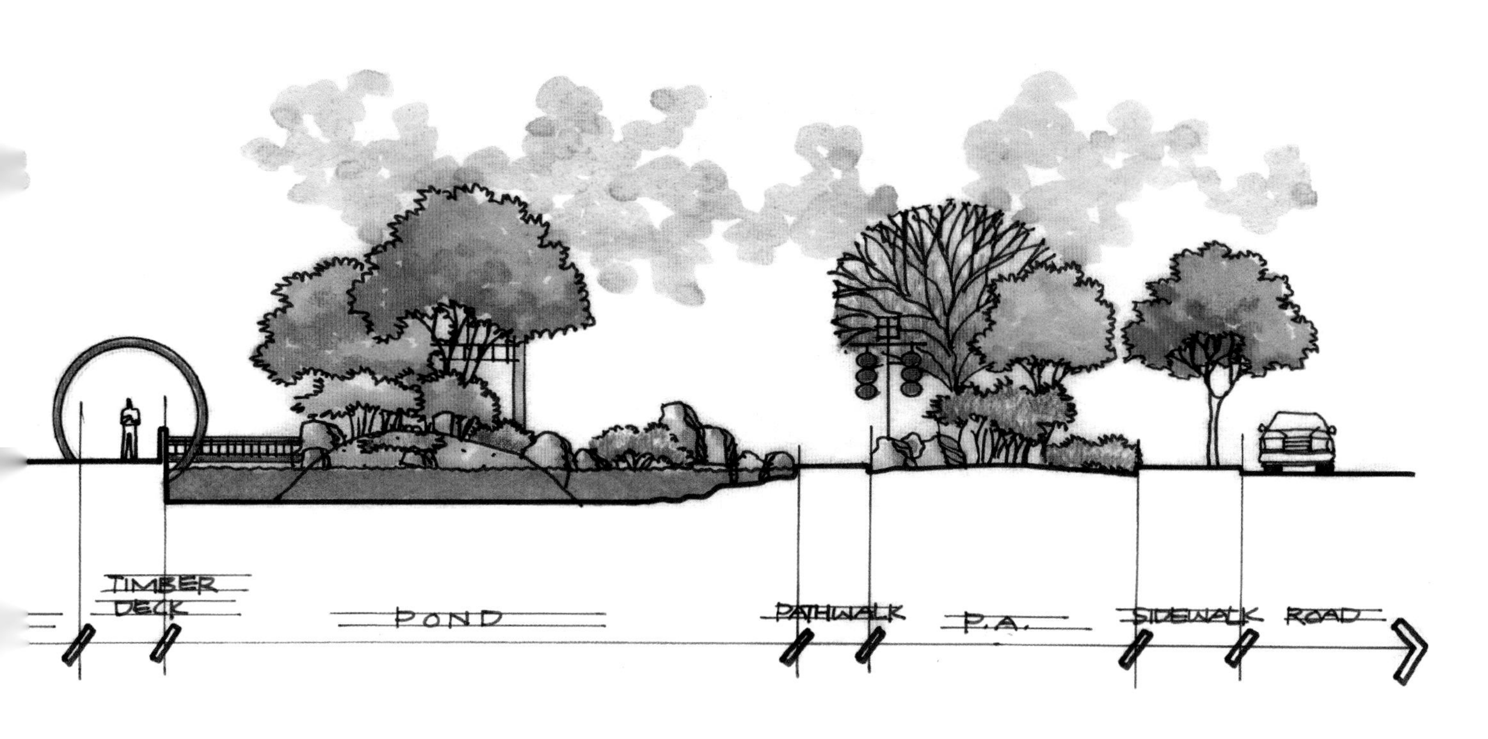
TIMBER
DECK
POND
PATHWALK
P.A.
SIDEWALK
ROAD

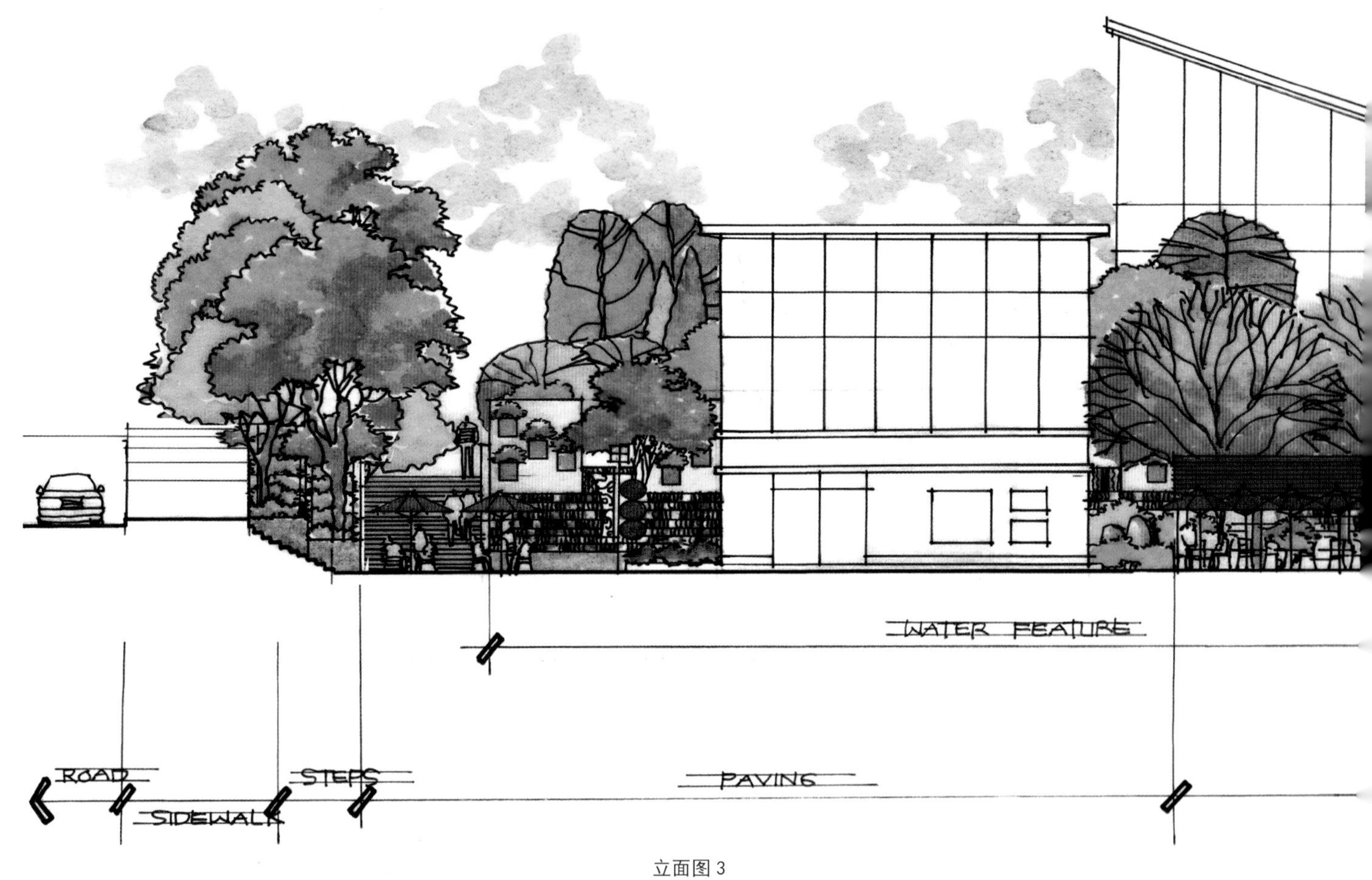
WATER FEATURE
ROAD
STEPS
PAVING
SIDEWALK

立面图 3

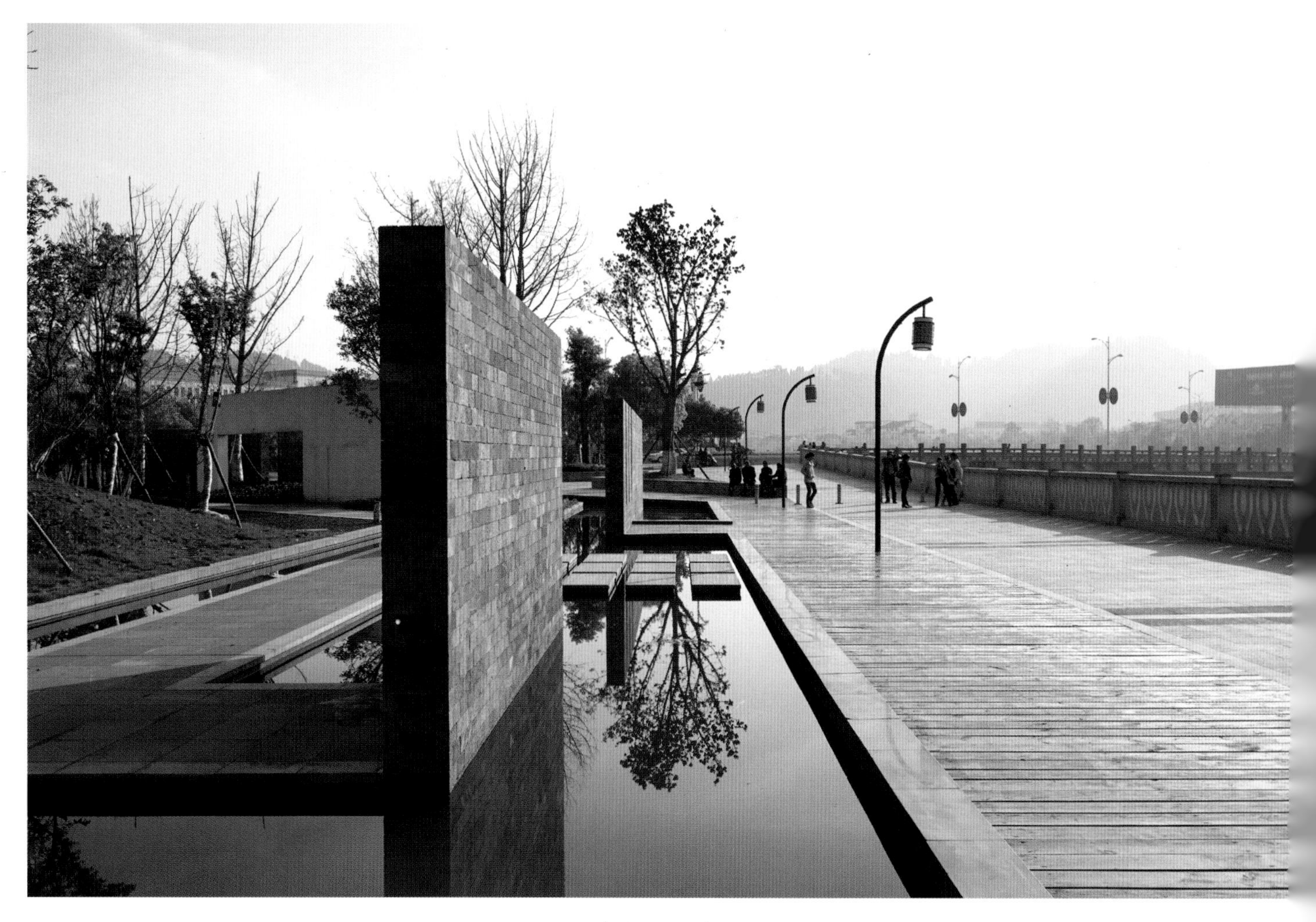

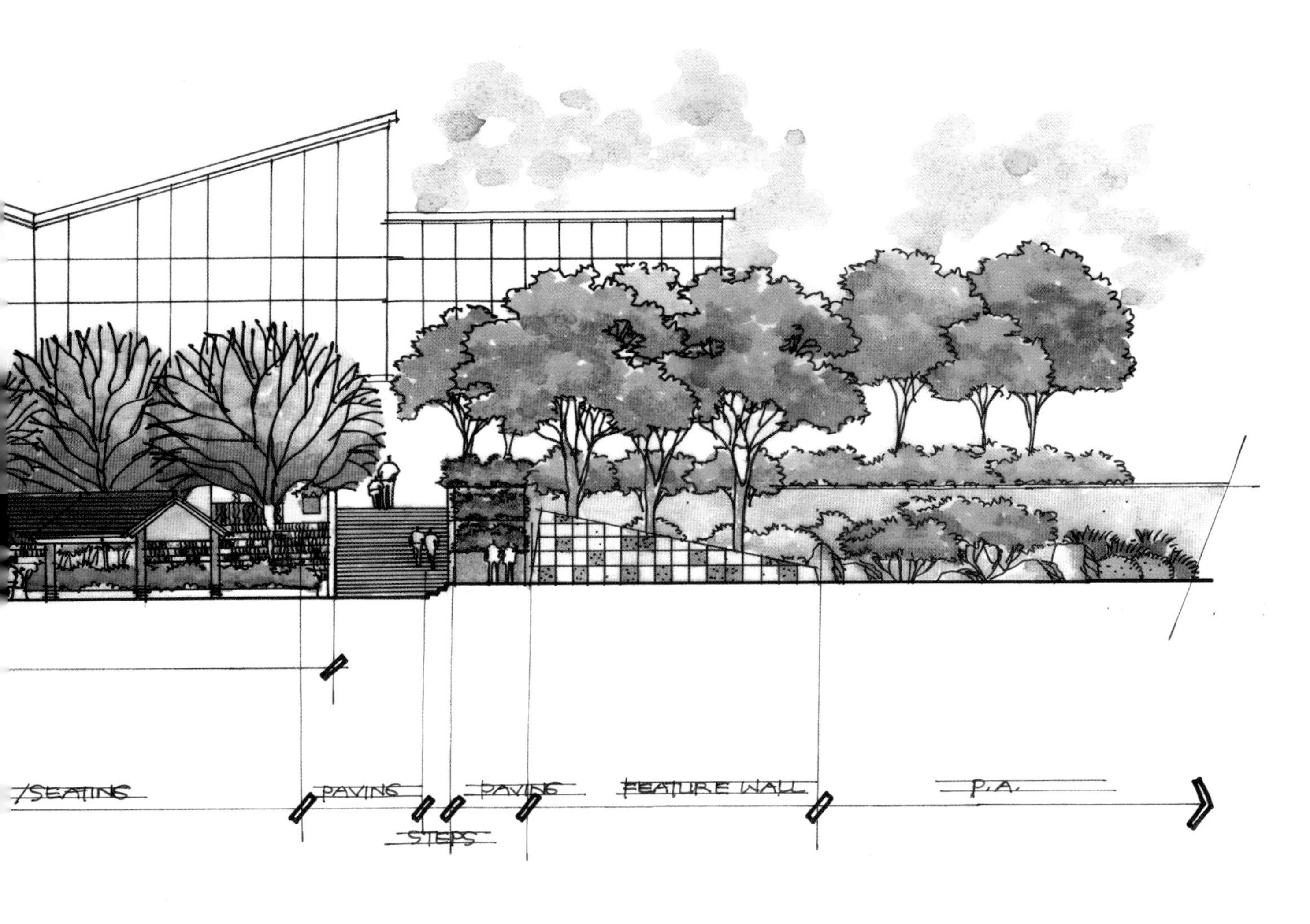

/SEATING
PAVING
STEPS
PAVING
FEATURE WALL
P.A.

宁波银亿东岸

风格与特点：

- 风格：中式园林风格。
- 特点：这是一个典型的城市综合体项目，有别墅、高层、商业、办公等建筑类型。设计以体现中国文化精髓、嵌入本土文化为宗旨，设计师认为这才是最具有生命力的。“居山水之间是中国人最高的人居理想”，设计师最终将该项目定义为“自然山水园”，展现了一个大隐于世、回归自然的都市山林。

实例解析

- 设计公司：深圳奥雅设计股份有限公司
- 项目地点：浙江省宁波市
- 项目面积：65,000m²

景观植物：乔木——香樟、朴树、榉树、紫叶李、柚子、鸡爪槭、桂花、杨梅、红枫、石榴、早樱、金叶槐等
灌木——红叶石楠、山茶、海桐、金森女贞、无刺枸骨、红花檵木等
地被——矮牵牛、鸡冠花、万寿菊、迷迭香、紫鹃、毛杜鹃等
水生——黄菖蒲等

古有诗云："浮桥横束大海限，鱼市前头酒市开。高立甬城楼上望，海船齐趁暮潮来。"自古以来，宁波甬江河岸以繁华著称，车水马龙、络绎不绝。宁波银亿东岸正处在宁波市中心，甬江东岸，繁华的三江口位置。

植物景观设计：桂花 + 紫叶李 + 五针松 + 朴树 + 杨梅 + 香樟 + 红枫 + 石榴 - 无刺枸骨 + 红花檵木 + 海桐 - 金森女贞 + 矮牵牛 + 毛杜鹃 - 黄菖蒲

点评：中心景观区的“颐景湖”娟秀如镜，两边溪水潺潺，烟雾缭绕。引入的生态环保水处理设备和雾化设备，在湖面、山涧和步道旁营造出“雾森林海”的意境，实现了人间仙境般的自然体验。

植物名称：金森女贞
常绿灌木，长势强健，萌发力强，常用作自然式绿篱材料；喜光，又耐半荫，可用作建筑基础种植。春季开花，有清香，秋冬季结果，观赏价值较高，常与红叶石楠搭配。

植物名称：桂花
常绿小乔木，又可分为金桂、银桂、月桂、丹桂等品种。桂花是极佳的庭院绿化树种和行道树种，秋季开放，花香浓郁。

植物名称：紫叶李
落叶小乔木，花期 3 ～ 4 月，花叶同放，园林应用广泛。孤植于门口、草坪能独立成景，点缀园林绿地中能丰富景观色彩，成片群植构成风景林，景观效果颇佳。

植物名称：五针松
常绿针叶乔木，因五叶丛生而得名。五针松的植株较低矮，可用于小庭院造景，树形古朴典雅，叶短且枝密，很有风味，是制作优美盆栽景观的优良材料。

植物名称：朴树
落叶乔木，树冠宽广，孤植或列植均可。对多种气体有较强抗性，因此也常用于工厂绿化。

植物名称：无刺枸骨
叶形奇特，叶片亮绿革质，四季常绿，秋季果实为朱红，颜色艳丽，是良好的观叶、观果植物，可以栽植于道路中间的绿化带和庭院角落。是枸骨的变种，叶片与枸骨相比，圆润无刺。

植物名称：杨梅
小乔木或灌木，树冠饱满，枝叶繁茂，夏季满树红果，甚为可爱，可用作点景树或庭荫树，也是良好的经济型景观树种。

植物名称：香樟
常绿大乔木，树形高大，枝繁叶茂，冠大荫浓，是优良的行道树和庭院树。香樟树可栽植于道路两旁，也可以孤植于草坪中间作孤赏树。

植物名称：红枫
整体形态优美动人，枝叶层次分明飘逸，广泛用作观赏树种，可孤植、散植或列植，别具风韵。

植物名称：红花檵木
常绿小乔木或灌木，花期长，枝繁叶茂且耐修剪，常用作园林色块、色带材料。与金叶假连翘等搭配栽植，观赏价值高。

植物名称：黄菖蒲
多年生草本，花期 5 月，花色黄艳，花姿秀美，可陆地栽植于水池边，也可直接栽植在水中，花、叶均具有很高的观赏价值，深受人们的喜爱。

植物名称：矮牵牛
多年生草本植物，常作一年生栽培，花色丰富，有白色、红色、紫色、黄色等，在园林造景中较常见。

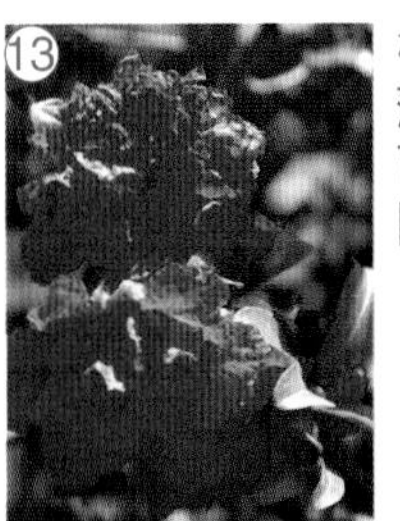

植物名称：石榴
落叶小乔木或灌木，在热带地区常作常绿树种培育。石榴花大且颜色鲜艳，果实硕大、红艳，是园林绿化中优良的观花、观果树种。

植物名称：海桐
叶片光滑浓绿，四季常青，可修剪为绿篱或球形灌木用于园林造景，具有良好的抗性，为防火防风林中的重要树种。

植物名称：毛杜鹃
花多，可成片种植，可修剪成形，也可与其他植物配合种植形成模纹花坛。

↑ 植物景观设计：紫叶李＋朴树＋桂花＋香樟＋石楠－红花檵木＋海桐－金边大叶黄杨＋毛杜鹃＋苏铁＋金边麦冬＋矮牵牛

点评：亭台跌水、石山香榭，大小不一的石块沿着台阶镶嵌布置，高低错落、色彩缤纷的植物也仿自然式栽植，让空间显得更加幽静，蜿蜒的小路能引起人一探究竟的好奇心。

植物名称：金边大叶黄杨
金边大叶黄杨为大叶黄杨的变种之一，常绿灌木或小乔木，适宜与红花檵木、南天竹等观叶植物搭配栽植。

植物名称：梅花
花形小巧，花色美艳，是观赏价值较高的小乔木。可与常绿乔木混搭栽植，也可成片栽植营造花海景观。

植物名称：苏铁
常绿棕榈状木本植物，雌雄异株，是世界最古老树种之一，树形古朴，茎干坚硬如铁，体形优美，制作成盆景可布置在庭院和室内，是珍贵的观叶植物，盆中如配以巧石则更具雅趣。

植物名称：金边麦冬
百合科多年生草本，叶边缘黄色，成丛生长，花茎自叶丛中伸出，花小，浅紫或青蓝色，总状花序，花期 7 ～ 8 月。

植物名称：石楠
常绿乔木，树冠常为圆形，终年常绿，枝繁叶茂，叶片翠绿有光泽，初夏时节开白色小花，秋后红果满枝，色彩鲜艳，常被用作庭荫树或绿篱树种栽植在庭院中。

植物名称：早樱
落叶乔木，花期为春季，花先于叶开放，盛花期时，满树粉花，树形优美，远远望去，似乎一团团粉色云朵，也像淡粉色的雪团，甚是美丽壮观。园林中可以栽植成林，用以营造花海景观。花落后枝叶舒展，到了夏季，成年树种枝繁叶茂，绿荫如盖，十分美丽。

植物名称：小叶栀子
常绿灌木，春天至初夏洁白小花盛开，花香清雅，可作为地被或者低矮灌木栽植于树下、草坪边缘，花期时可赏其花、闻其味。

植物名称：胡柚
芸香科常见乔木，果实硕大橙黄，经济价值和食用价值颇高。可以作为园林绿化树种美化环境。

植物名称：迷迭香
天然香料植物，植物具有自然的清香，有提神的效果。

植物名称：大叶吴风草
多年生草本植物，叶片大而粗犷，可与麦冬、佛甲草等地被植物搭配栽植共同营造自然式景观。

植物名称：万寿菊
一年生草本花卉，因其有异味，又被称为臭芙蓉。万寿菊花大色艳，花期长，可成片栽植于花坛、花境和草坪边缘，景观效果佳。

植物景观设计：朴树 + 早樱 + 胡柚 + 桂花 - 红叶石楠 + 金边大叶黄杨 + 海桐 - 毛杜鹃 + 红花檵木 + 小叶栀子 + 迷迭香

点评：打造了登高、夜跑、漫步、休闲、观景、嬉戏等功能丰富的体验区。所有景观节点都不仅仅是为了美观，还为了居民居住于此的感受。

↑ 植物景观设计：桂花 + 红枫 + 大叶朴 + 香樟 + 早樱 + 杨梅 + 金叶槐 - 红叶石楠 + 海桐 + 红花檵木 + 杨梅叶蚊母树 - 毛杜鹃 + 大叶吴风草 + 万寿菊 + 雏菊 + 鸡冠花 + 箬竹 - 黄菖蒲

点评：掇山理水，将中国传统园林的意境与现代居住体验融合，呈现出亭台叠水、石山香榭、淙淙流水的都市“桃花源”景象。

植物名称：鸡冠花

一年生草本植物，夏秋季开花，花多为红色，鲜艳明快，呈鸡冠状，享有“花中之禽”的美誉，是园林中著名的露地草本花卉之一，有较高的观赏价值。

植物名称：大叶朴

落叶乔木，树形高大，树皮灰色，花期 4 ～ 5 月。枝叶繁茂，郁郁葱葱，可作为庭荫树栽植在公园、广场等地。

植物名称：箬竹

禾本科小灌木，生长速度快，叶片较大，应用广泛，其叶片可以用来包裹食物，竹笋可食用，箬竹本身也可作为园林绿化材料，美化环境，净化空气。

植物名称：杨梅叶蚊母树

常绿小乔木或灌木，叶片革质，有医用价值，可以入药。

植物名称：金叶槐

落叶乔木，国槐的一个新变种，奇数羽状复叶互生，叶片金黄色，远看似满树金花，十分美丽，具有很高的观赏价值。北自辽宁，南至广东、台湾，东自山东，西至甘肃、四川、云南，在国槐能生长的地方均可栽培。

植物名称：大叶黄杨
大叶黄杨是一种温带及亚热带常绿灌木或小乔木，因其极耐修剪，常被用作绿篱或修剪成各种形状，较适合于规则式场景的植物造景。

↑ 植物景观设计：香樟 + 朴树 + 榉树 + 紫叶李 - 红叶石楠 + 柚子 + 山茶 + 大叶黄杨 + 鸡爪槭 + 海桐 - 金森女贞 + 万寿菊 + 迷迭香 + 紫鹃

植物名称：柚子
常绿乔木，是经济树种，其果实圆润、水分充足，是常见的水果。香柚树可栽植于庭院中，春季观叶，秋季观果，也是良好的庭院绿化树种。

植物名称：紫鹃
也被称为锦绣杜鹃，杜鹃花科半常绿灌木植物，花色紫红，盛花期时，花开满株，姹紫嫣红。耐半荫，可栽植于林下作地被植物，丰富景观层次。也可栽植于假山石旁、湖畔、山坡等地。

植物名称：山茶
常绿乔木或灌木，中国传统的十大名花之一，品种丰富，花期 2 ～ 4 月，花大艳丽。树冠多姿，叶色翠绿。耐荫，栽植于疏林边缘效果极佳，亦可散植于庭院一角，格外雅致。

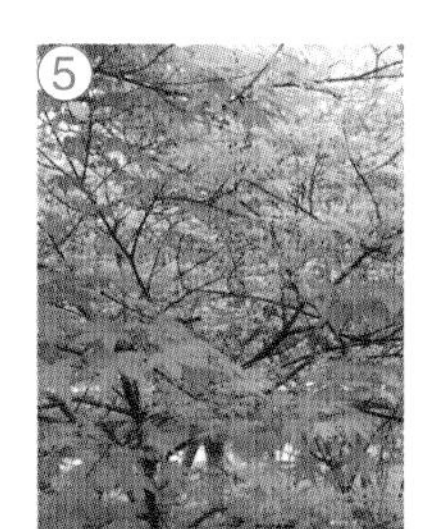

植物名称：鸡爪槭
又名鸡爪枫、青枫等，落叶小乔木，叶形优美，入秋变红，色彩鲜艳，是优良的观叶树种，以常绿树或白粉墙作背景衬托，观赏效果极佳，深受人们的喜爱。

植物名称：榉树
其树形优美端庄，秋季叶子变红，是优良的色叶树种，冬季叶落后露出枝干，风采依旧，适应性强，常用作孤植树或行道树。

植物名称：薰衣草
常绿的芳香灌木，丛生，多分枝，直立生长，花色有蓝、深紫、粉红、白等色，常见的为紫蓝色，花期 6 ～ 8 月，耐寒，近年来多用于庭院栽植，适宜丛植或条植，成片种植，效果迷人。

重庆儿童公园

风格与特点：

- 风格：自然式主题公园风格。
- 特点：奥雅在设计中提出“活力山城，Play for all”的概念，旨在为父母和孩子打造共享快乐的活动空间。设计师对年龄进行分组分析，根据儿童的心理和活动特点进行分区：南区是婴幼儿的活动区间，北区是儿童和青少年的活动区间。生态、乐趣、启迪、感恩、科技、文化和冒险六大主题空间在合理分布十公顷的公园中。

实例解析

- 设计公司：深圳奥雅设计股份有限公司
- 项目地点：浙江省宁波市
- 项目面积：65,000m²

景观植物：乔木——香樟、朴树、榉树、紫叶李、柚子、鸡爪槭、桂花、杨梅、红枫、石榴、早樱、金叶槐等

灌木——红叶石楠、山茶、海桐、金森女贞、无刺枸骨、红花檵木等

地被——矮牵牛、鸡冠花、万寿菊、迷迭香、紫鹃、毛杜鹃等

水生——黄菖蒲等

本项目位于重庆市鸿恩寺森林公园附近的观鸿大道上，是重庆市乃至整个西南地区首个儿童主题生态公园。整个项目总投资 1.35 亿元，占地约 145 亩，可同时容纳 2500 人。

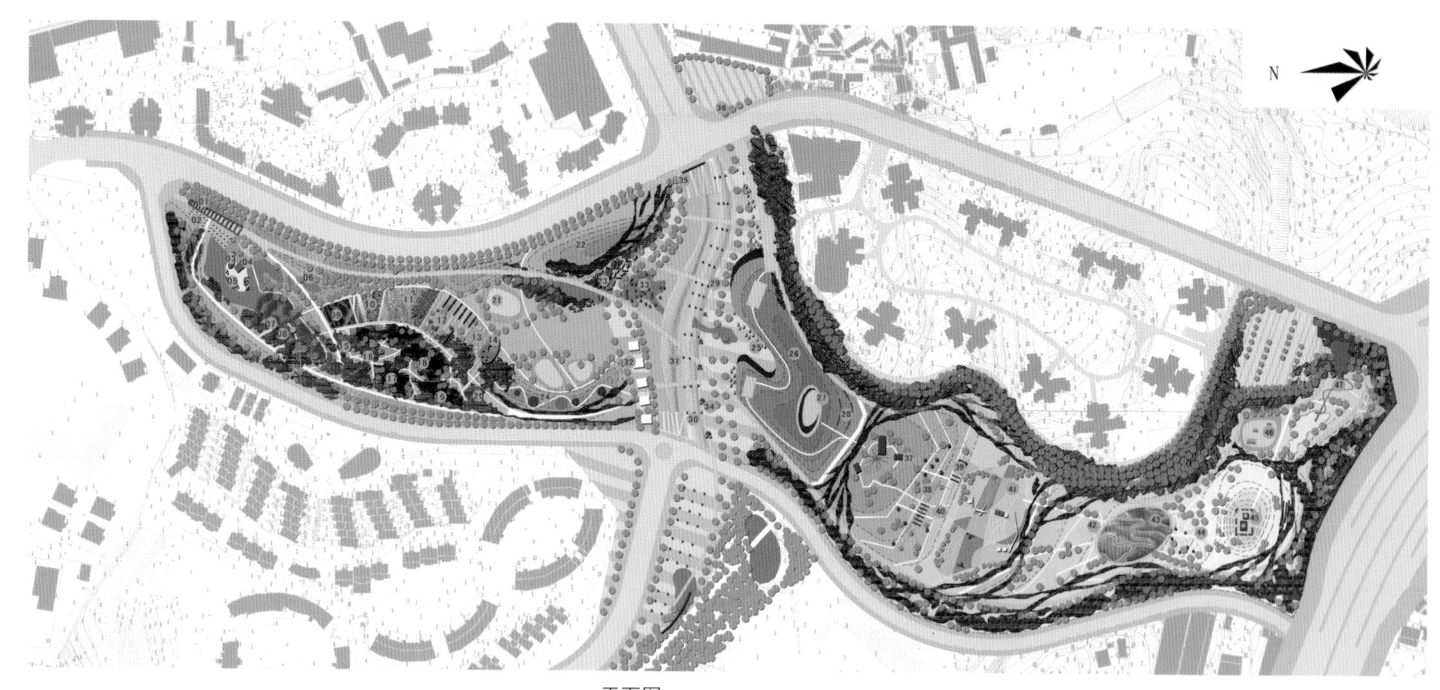

平面图

重庆儿童公园
售票处

立面图 1

立面图 2

立面图 3

植物景观设计：香樟 + 桂花 + 桢楠 + 紫叶李 + 石榴 – 樱花 + 鸡爪槭 – 海桐 + 红叶石楠

点评：奥雅景观设计公司在进行卡通主题设计的同时，也注重植被的设计，重视生态美。公园内有 1500 多种植物，配合不同的主题区域形成多样的植物景观。

植物名称：红叶石楠
常绿小乔木，春季时新长出来的嫩叶红艳，到夏季时转为绿色。因其具有耐修剪的特性，通常被做成各种造型运用到园林绿化中。

植物名称：紫叶李
落叶小乔木，花期 3 ~ 4 月，花叶同放，园林用途广泛。孤植于门口、草坪能独立成景，点缀园林绿地中能丰富景观色彩，成片群植构成风景林，景观效果颇佳。

植物名称：石榴
落叶小乔木或灌木，在热带地区常作常绿树种培育。石榴花大且颜色鲜艳，果实硕大、红艳，是园林绿化中优良的观花、观果树种。

植物名称：香樟
常绿大乔木，树形高大，枝繁叶茂，冠大荫浓，是优良的行道树和庭院树。香樟树可栽植于道路两旁，也可以孤植于草坪中间作孤赏树。

植物名称：桢楠
常绿大乔木，国家二级保护植物，树干通直，树姿优美，既是上等的用材树种，又是极好的庭园观赏和城市绿化树种。

植物名称：桂花
木犀科木犀属常绿灌木或小乔木，亚热带树种，叶茂而常绿，树龄长久，秋季开花，芳香四溢，是我国特产的观赏花木和芳香树，主要品种有丹桂、金桂、银桂、四季桂等。

植物名称：海桐
叶片光滑浓绿，四季常青，可修剪为绿篱或球形灌木用于园林造景，具有良好的抗性，为防火防风林中的重要树种。

植物名称：樱花
花色繁多，花姿优美，是庭院景观绿化中较常用的树种。樱花常与浪漫联系在一起，盛花期时，大片的樱花树林宛如粉色的花海，容易营造浪漫、舒缓的景观。作为孤赏树栽植于庭院草坪之中也别有风味。

植物名称：鸡爪槭
又名鸡爪枫、青枫等，落叶小乔木，叶形优美，入秋变红，色彩鲜艳，是优良的观叶树种，以常绿树或白粉墙作背景衬托，观赏效果极佳，深受人们的喜爱。

植物名称：天门冬
多年生攀缘草本植物。枝叶浓密，叶色翠绿喜人，常栽植于林下较阴湿的地方。

↑ 植物景观设计：黄金香柳 + 玉兰 + 鹅掌楸 + 香樟 + 金叶槐 - 金叶女贞 + 矮蒲苇 + 海芋 - 天门冬 + 连翘 + 紫藤

点评：结合孩子的天性设计了“嗅觉公园”和“视觉公园”，让孩子在玩耍中通过色味等不同的感官接触，去感受大自然的神奇与美丽。相信不久的将来，这里会成为孩子们最喜欢的“迷你王国”。

植物名称：金叶女贞
常绿灌木，生长期叶子呈黄色，与其他色叶灌木可修剪搭配成组合色带，观赏效果佳。

植物名称：黄金香柳
又称为千层金，常绿小乔木或灌木，枝条柔软，枝叶金黄，具有较强的抗风能力，是沿海绿化的重要彩叶树种。黄金香柳的枝叶具有清香，是芳香植物，可以净化空气。

植物名称：玉兰
落叶乔木，中国著名的花木。花期3月，10天左右，先叶开放，花白如玉，花香似兰。树型魁伟，树冠卵形。玉兰对有害气体的抗性较强，是大气污染地区很好的防污染绿化树种

植物名称：鹅掌楸

别名马褂木，落叶大乔木，叶形独特，好似一个个马褂，秋天叶色变黄，是珍贵的行道树和庭园观赏树种，丛植、列植或片植均有较好的观赏效果。

植物名称：矮蒲苇

多年生草本植物，可栽植于景石、假山旁或者溪畔湖边，营造自然、富有野趣之景。

植物名称：海芋

天南星科多年生草本，叶形和色彩都具有观赏价值，大型喜阴观叶植物，适在林荫下片植。海芋花外形简单清纯，可作为室内装饰。海芋全株有毒，以茎干最毒，需要注意。

植物名称：连翘

早春开花，花先于叶开放，花色金黄，枝条下垂，是早春时节优良的观花植物。可用在花篱、花丛、花坛。

植物名称：金叶槐

落叶乔木，国槐的一个新变种，奇数羽状复叶互生，叶片金黄色，远看似满树金花，十分美丽，具有很高的观赏价值。北自辽宁，南至广东、台湾，东自山东，西至甘肃、四川、云南，在国槐能生长的地方均可栽培。

植物名称：紫藤

紫藤花大，花色为紫色，盛花期时，满树紫藤花恰似紫色瀑布一般，是优良的垂直绿化和观赏植物，适宜栽植于公园棚架和花廊，景观效果极佳。

↑ 植物景观设计：玉兰 + 朴树 + 红花羊蹄甲 + 广玉兰 + 香樟 + 四季桂 + 银杏 - 小蜡 + 罗汉松 - 小叶栀子 + 连翘 + 小蒲葵 - 红叶石楠

点评：用小蜡和罗汉松为材料做成的动物造型栩栩如生，给儿童公园增添了丰富的视觉效果。

植物名称：小叶栀子
常绿灌木，春天至初夏洁白小花盛开，花香清雅，可作为地被或者、低矮灌木栽植于树下、草坪边缘，花期时可赏其花闻其味。

植物名称：朴树
落叶乔木，树冠宽广，孤植或列植均。对多种
体有较强抗性，因此也常用于工厂绿化。

植物名称：小蜡
木犀科落叶小乔木或灌木，花色洁白，花期从春季到初夏。可栽植于墙隅、假山石旁等。

植物名称：红花羊蹄甲
常绿大乔木，花于叶前开放，花大且色彩艳丽，常与常绿植物搭配栽植，叶片心形，较为独特，四季开花，花期较长，是很好的观花、观叶植物。

植物名称：广玉兰
常绿小乔木，又被称作为荷花玉兰，树形高大雄伟，叶片宽大，花如荷花，适宜孤植、群植或丛植于路边和庭院中，可作园景树、行道树和庭荫树。

植物名称：罗汉松
常见景观树种。由于其针叶形状独特，树形奇异，常被用来作独赏树、盆栽树种和花坛花卉。罗汉松树形古朴风雅，多在寺庙内常见，现也常用于大厅、中庭对植或孤植。与假山、湖石搭配可以营造中式庭院风味。

植物名称：四季桂
木犀科桂花的变种，花色稍白，花香较淡，因其能够一年四季开花，故被称为四季桂，是园林绿化的优良树种。

植物名称：银杏
树形优美，树干高大挺拔，叶形奇特美丽，叶色秋季变为金黄色，是优良的行道树和庭院树种。

东原郦湾

风格与特点：

- 风格：英式田园风格。
- 特点：为充分还原和演绎英伦的怡情生活，郦湾景观主要营造自然雅致式园林，点缀以英国贵族庄园式、田园式和英国时尚街区式的生活体验，现代时尚、亲和自然。

实例解析

- 设计公司：LANDAU 朗道国际设计
- 项目地点：上海市
- 项目面积：47,000m²

景观植物：乔木——朴树、桂花、鸡爪槭、三角枫等
灌木——小红叶石楠、海桐、海芋、万年青、法国冬青等
地被——矮牵牛、金边玉簪、金叶女贞、紫叶小檗、杜鹃等

项目位于上海市奉贤区，紧临南桥新城核心“上海之鱼”，两面环水，自然景观优越；毗邻地铁 5 号线、上海首条快速公交道，交通便捷。作为东原地产的上海壹号作品，该项目综合开发整个地块，将周边水系与英式风格有机地融为一体。

植物名称：金叶女贞
常绿灌木，生长期叶子呈黄色，与其他色叶灌木可搭配成组合色带，观赏效果佳。

植物名称：法国冬青
又名珊瑚树，常绿灌木，耐修剪，抗性强，常用
作绿篱。

植物名称：万年青
多年生常绿草本植物，叶形较宽阔，叶色终年浓绿，具有较高的观赏价值。盆栽万年青可以用作室内装饰，也可以栽植于园林中。

植物名称：花叶万年青
多年生常绿草本植物，叶形宽广，叶色碧绿并
斑驳花纹，有较高的观赏价值。

平面图

↑ 植物景观设计：鸡爪槭 + 万年青 + 花叶万年青 + 法国冬青 + 金叶女贞 + 海芋 - 矮牵牛 + 杜鹃 + 金边玉簪

点评：此处位于售楼中心大楼前，设计师为了丰富楼前景观选用了观赏价值较高的部分观叶、观花植物。植物株形低矮，色彩艳丽，以英式建筑风格的售楼中心为背景，绿叶在红砖的衬托下显得更加美丽、生动。

植物名称：鸡爪槭
又名鸡爪枫、青枫等，落叶小乔木，叶形优美，入秋变红，色彩鲜艳，是优良的观叶树种，以常绿树或白粉墙作背景衬托，观赏效果极佳，深受人们的喜爱。

植物名称：紫薇
落叶小乔木，又称为痒痒树，树干光滑，用手抚摸树干，植株会有微微抖动，紫薇的花期是5~8月，花期较长，观赏价值高。

植物名称：金边玉簪
多年生宿根草本植物，叶缘被金色边，耐荫，可以栽植于乔木层下作地被，花形娟秀，香气袭人。

植物名称：蓝花鼠尾草
唇形科多年生芳香草本植物，原产于地中海，植株灌木状，高约60cm，花蓝色。常生于山间坡地、路旁、草丛、水边及林荫下。

植物名称：金森女贞
常绿灌木，长势强健，萌发力强，常用作自然式绿篱材料；喜光，又耐半荫，可用作建筑基础种植。春季开花，有清香，秋冬季结果，观赏价值较高，常与红叶石楠搭配。

植物名称：海桐
叶片光滑浓绿，四季常青，可修剪为绿篱或球形灌木用于园林造景，具有良好的抗性，为防火防风林中的重要树种。

植物名称：石楠
常绿乔木，树冠常为圆形，终年常绿，枝繁叶茂，叶片翠绿有光泽，初夏时节开白色小花，秋后红果满枝，色彩鲜艳，常被用作庭荫树或绿篱树种栽植在庭院中。

植物名称：红叶石楠
常绿小乔木，春季时新长出来的嫩叶红艳，到夏季时转为绿色。因其具有耐修剪的特性，通常被做成各种造型运用到园林绿化中。

植物名称：朴树
落叶乔木，树冠宽广，孤植或列植均可。对多种气体有较强抗性，因此也常用于工厂绿化。

↑ 植物景观设计：朴树 + 三角枫 + 石楠 - 海桐 + 红叶石楠 + 海芋 - 金森女贞 + 紫叶小檗 + 蓝花鼠尾草 + 杜鹃

点评：入口处景观与建筑围合，相得益彰，景观轴线向内延展，打造别墅、高层住户归家必经路线上的雅致风景。从喧嚣的城市回到家中，每一进的景观都会引导出不同的情绪，从入口的恢宏大气，到水景的宁静平和，再到撒满阳光的生活上院，让人有一种放下负担、回归园林生活的仪式感，创造出与都市远而不离、与繁华近而不嚣、与古典温而汇新的意境。

植物名称：紫叶小檗
春开黄花，秋缀红果，叶、花、果均具观赏效果，耐修剪，适宜在园林中作花篱或修剪成球形对称种植，广泛应用在园林造景当中。

植物名称：三角枫
落叶乔木，枝叶浓密，夏季浓荫覆地，入秋叶色变成暗红，秀色动人。宜孤植、丛植作庭荫树，也可作行道树及护岸树。

植物名称：海芋
天南星科，多年生草本，叶形和色彩都具有观赏价值、大型喜阴观叶植物，适在林荫下片植。海芋花外形简单清纯，可作室内装饰。海芋全株有毒，以茎干最毒，需要注意。

植物名称：杜鹃
常绿灌木。品种丰富，花色多，是理想的植物造景材料。可栽植于林下营造花卉色带。

→

点评：宅间和庭院景观采用小中见大的手法，强调精致的细节，同时兼顾私密性和开敞性，以小尺度空间的起承转合来营造良好的空间体验。鲜艳花池沁香随身，成树聚影，绿草成茵，小品桌椅布置于间，在这里，人们可以呼吸新鲜的空气、亲闻泥土的芳香，感受田园生活的自然与闲适，做一个自然的贵族。

① 植物名称：桂花

木犀科木犀属常绿灌木或小乔木，亚热带树种，叶茂而常绿，树龄长久，秋季开花，芳香四溢，是我国特产的观赏花木和芳香树，主要品种有丹桂、金桂、银桂、四季桂。

② 植物名称：木槿

也叫无穷花，落叶灌木或小乔木，花形有单瓣、重瓣之分，花色有浅蓝紫色、粉红色或白色之别，花期 6 ～ 9 月，耐修剪，常用作绿篱。

③ 植物名称：矮牵牛

多年生草本植物，常作一年生栽培，花色丰富，有白色、红色、紫色、黄色等，在园林造景中较常见。

↓ 植物景观设计：桂花 + 木槿 + 鸡爪槭 – 矮牵牛

↑ 点评：外围商业街区。为映衬英式建筑的经典雅致，地面铺装和小品采用简洁统一的元素来呼应，同时为每一户商铺预留了充足的外摆空间，让每一家小店都能够展现自己的个性。不论是精致的花箱组合，还是可爱的冰淇淋推车，或是惬意的阳伞卡座，处处都洋溢着店主们的好客之情。

東原~丽湾
GRACEFUL HAVEN
停车场 Parking
Zebra Coffee
Zebra Coffee

万科云间传奇

风格与特点：

- 风格：现代风格。
- 特点：忽略风格和元素，从基地衍生出设计语言，设计师将它们重新构造和组织，用来塑造“云间”需要的纯净而亲切的空间环境。

设计师将同样的元素通过不同的材料和不同的组合方式，应用在各处。在地面铺装的拼花、水池底拼花以及标识塔和草坪灯上使用的纹样，全部是从“云间”的 LOGO 衍生而来。

实例解析

- 设计公司：LANDAU 朗道国际设计
- 项目地点：上海市
- 项目面积：60,000m²

景观植物：乔木——朴树、桂花、鸡爪槭、三角枫等
灌木——小红叶石楠、海桐、海芋、万年青、法国冬青等
地被——矮牵牛、金边玉簪、金叶女贞、紫叶小檗、杜鹃等

花园入口的小门头，檐口压的稍低，让第一进的花园显得更大些。第二进的庭院中将来加上两套桌椅，便是个小小的对弈场所。穿过第三进的轴线，第四进便是建筑围合的 Lobby“花园吧”，这里今后将是社区主要的交流场所，“花园吧”被一道景墙分割成前场和后场，前场是我们提到的 Lobby，穿过长廊来到的后场则结合室内的活动功能，设计了禅意茶廊，为了鼓励大家坐下来，廊顶也被刻意压低了。在茶廊处左转，便进入第五进的宅间花园了，和常见的通过式绿化为主导的宅间不同，“云间”的宅间显得更为疏朗些，入户的墙头和建筑的山墙配合紧密，给人特别的入户感受。

“云间”对人们在空间的行走和使用过程中产生的细微情感细心的呵护，从空间的开合、转折到视线的落点都精心塑造，笔墨不多，却处处透着心意。

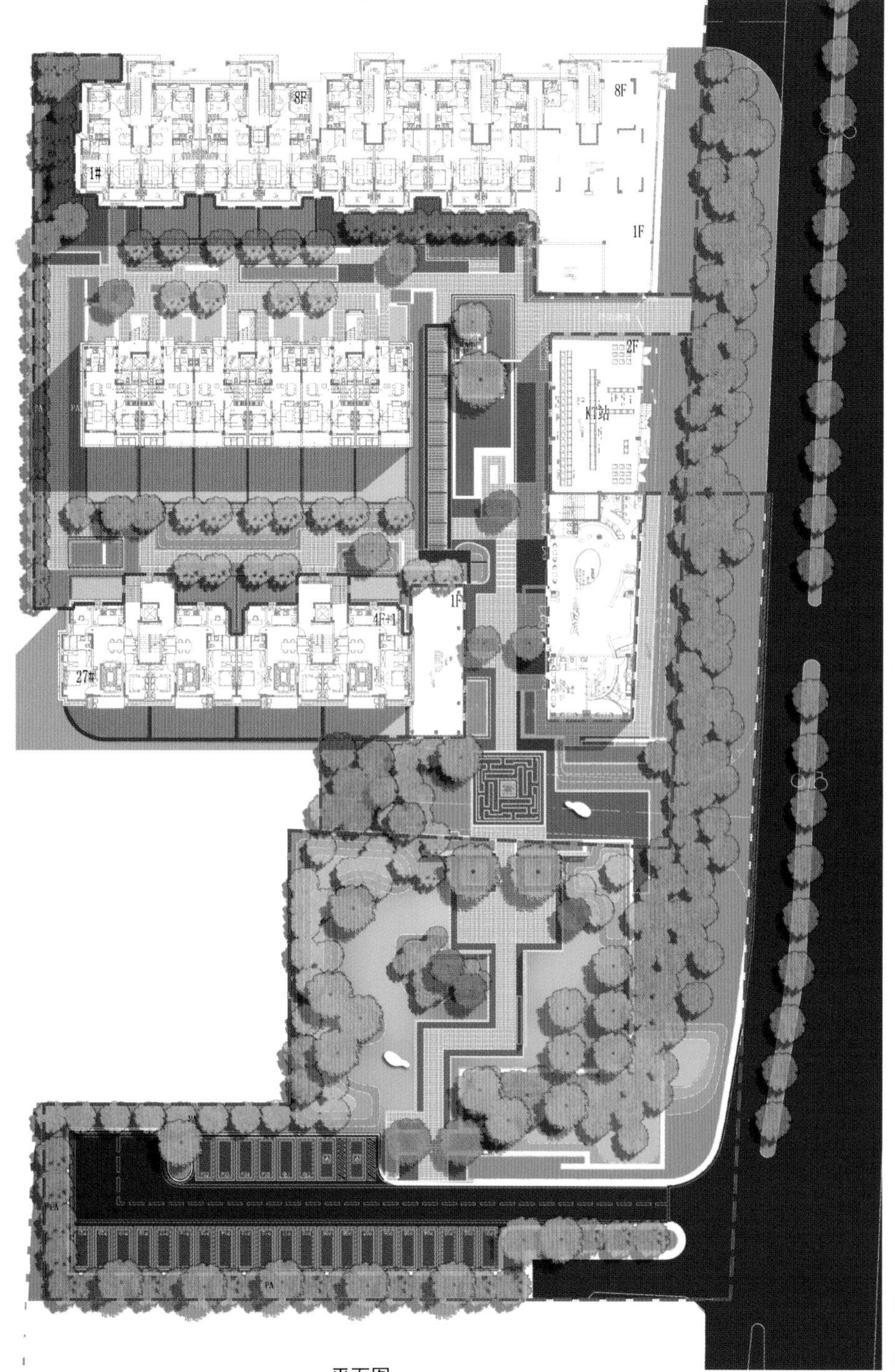

平面图

植物名称：朴树
落叶乔木，树冠宽广，孤植或列植均可。对多种气体有较强抗性，因此也常用于工厂绿化。

植物名称：金桂
终年常绿，是行道树的好的选择。秋季开花，花色金黄，花香浓郁，可营造观花闻香的景观意境，常被用作园景树，可孤植、对植、丛植于庭院和景区。

植物名称：常夏石竹
常绿草本植物，花色艳丽，花期长，多用于花坛、花境或庭院绿地。

植物名称：金森女贞
常绿，长势强健，萌发力强，常用作自然式绿篱材料；喜光，又耐半荫，可用作建筑基础种植；春季开花，有清香，秋冬季结果，观赏价值较高，常与红叶石楠搭配。

植物景观设计：香樟＋朴树＋石楠＋金桂＋红枫－红叶石楠＋金叶女贞＋红花檵木＋细叶棕竹－常夏石竹

点评：将入口调整到基地的最南侧，对绿地进行了重新切分，结合建筑围合出的内院，形成了五进式的庭院结构，与北方院落的庄重轴线不同，“云间”更倾向南方院落的布局方式，追求空间的变化、层次，塑造更多的惊喜。

植物名称：红叶石楠

常绿小乔木，春季时新长出来的嫩叶红艳，到夏季时转为绿色。因其具有耐修剪的特性，通常被做成各种造型运用到园林绿化中。

植物名称：红枫

其整体形态优美动人，枝叶层次分明飘逸，广泛用作观赏树种，可孤植、散植或列植，别具风韵。

植物名称：石楠

常绿乔木，树冠常为圆形，终年常绿，枝繁叶茂，叶片翠绿有光泽，初夏时节开白色小花，秋后红果满枝，色彩鲜艳，常被用作庭荫树或绿篱树种栽植在庭院中。

云间传奇
LEGEND OF CLOUDS

东华附属学校
低密电梯叠墅洋房

植物名称：杜鹃
常绿灌木。品种丰富，花色多，是理想的植物造景材料。可栽植于林下营造花卉色带。

植物名称：细叶棕竹
丛生灌木，茎直立，是棕竹的品种之一。株形
小优美，可以作为庭院绿化材料，同时也是常
的观赏盆栽用材。

植物名称：金边黄杨
常绿灌木，叶绿色并有黄白色斑纹，常修剪为绿篱或用于布置花坛。

植物名称：鸡爪槭
又名鸡爪枫、青枫等，落叶小乔木，叶形优美，
入秋变红，色彩鲜艳，是优良的观叶树种，以
绿树或白粉墙作背景衬托，观赏效果极佳，深
人们的喜爱。

↑ 植物景观设计：朴树 + 鸡爪槭 + 金桂 + 香樟 - 红叶石楠 + 红花檵木 + 海桐 + 细叶棕竹 + 金边黄杨 - 红花檵木 + 杜鹃

点评：在“云间”规模不大的景观环境中，从环境和建筑衍生出的景观语言相较于特立独行的景观语言更为适合。为了保持空间的完整性并且形成预期的更为纯净的空间氛围，我们将景观的色彩和材质与建筑进行了融合，提取了建筑外墙的米黄色调，用一种色调串联所有的景观界面。为了让它更为突出，我们增加了少量黑色的元素与之形成对比，地面采用砾石收边，立面上采用黑色石材，并且在景墙的侧面采用黑色石材贴面处理，让景墙的各个面更为突出，更加立体，细节更丰富。

植物名称：红花檵木
常绿小乔木或灌木，花期长，枝繁叶茂且耐修剪，常用作园林色块、色带材料。与金叶假连翘等搭配栽植，观赏价值高。

植物名称：海桐
叶片光滑浓绿，四季常青，可修剪为绿篱或球形灌木用于园林造景，具有良好的抗性，为防火防风林中的重要树种。

←

点评："云间"中的近 10 棵骨干大乔是根据种植季节和开放时间等因素以及模型中定位、高度、蓬径、分支点要求、树形要求等各种数据，从苗圃中一棵棵挑选出来的，最终现场的呈现效果与甲方严谨而高要求的工作方式是密不可分的。

点评："云间"有两处核心的功能点，一处在门厅的下沉空间，另一处在门厅北侧的禅意茶廊。在这两处，我们配置了户外的移动无线网、蓝牙音响、户外壁炉等设施，在茶廊下还针对老人的使用需求特别增设了紧急按钮。

点评：在“云间”的夜景效果的塑造上，相较明亮的环境我们更加注重氛围的营造，如明暗的层次、光与影的关系等，采用亮度低、多角度、多层次的设计，塑造细腻的光环境以及有趣的光影效果。基础照明主要采用投光进行环境照明、结合点光源进行基础照明的方式，为了营造温馨自然的晚间环境，光源的色温基本控制在 3300K 以上。

百旺公园

风格与特点：

- 风格：自然田园风格。
- 特点：以当地农村院落为蓝本的“家旺小院”，体现“绿树村边合，青山郭外斜。开轩面场圃，把酒话桑麻”的意境。种植农家生活的常用植物如枣、柿子、山楂、核桃、花椒等，以菜畦的形式种植韭菜、谷子、辣椒、苋菜等。

实例解析

- 设计公司：北京中国风景园林规划设计研究中心
  北京山水心源景观设计院有限公司
- 项目地点：北京市
- 项目面积：74,400m²

景观植物：乔木——黄栌、杨树、刺槐、白蜡、白皮松、旱柳、紫叶李、油松、毛白杨、国槐、石榴、玉兰、柳树、洋槐等

灌木——太平花、山梅花、金银木、珍珠梅、丁香、郁李、胡枝子、茶条槭、迎春、香蒲、天目琼花、金叶莸等

地被——甘野菊、千屈菜、马蔺、拂子茅、匍枝毛茛、玉簪、孔雀草、狼尾草、随意草、千日红、蓝花鼠尾草等

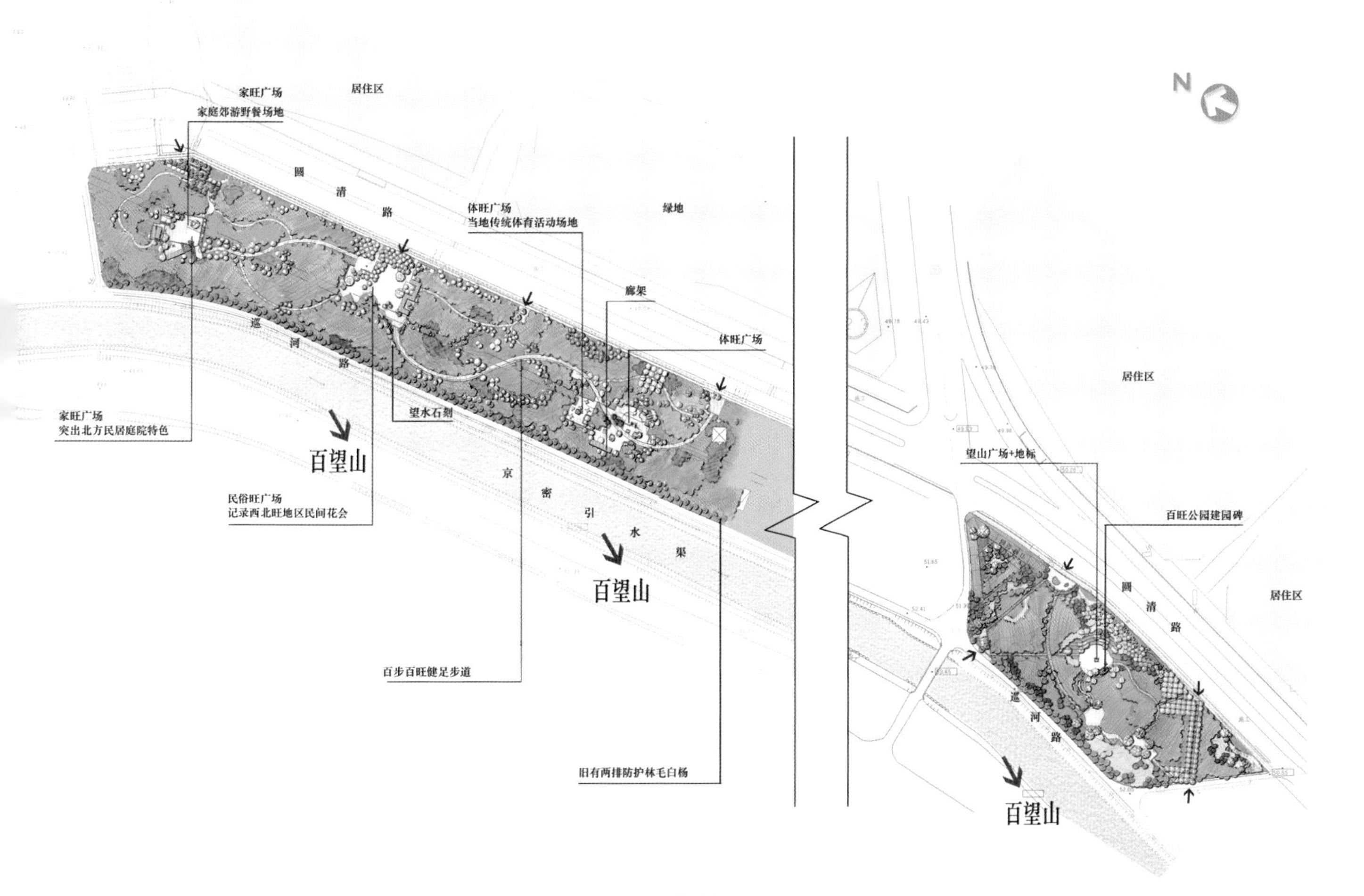

平面图

植物名称：迎春
又称“金腰带”，落叶灌木，早春时先开花后长叶。

植物名称：香蒲
多年生草本，其穗奇特，常用于水畔或点缀于石旁，也是切花常用材料。

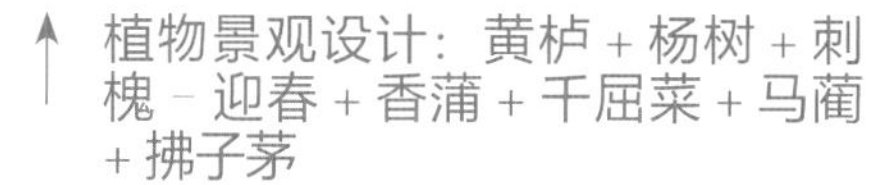

↑ 植物景观设计：黄栌 + 杨树 + 刺槐 - 迎春 + 香蒲 + 千屈菜 + 马蔺 + 拂子茅

点评：以大乔木构建公园的浓林外貌，以林中空地——林窗作为活动场地，将广场、服务性建筑隐于林中，通过地形及植物分隔空间。

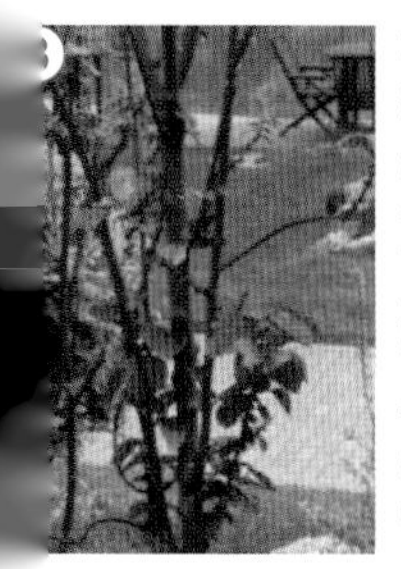

植物名称：黄栌
著名的北京香山红叶即为黄栌，是我国有名的观叶植物。黄栌叶色秋季转红，红艳如火，如成片栽植，能够营造骄阳似火的景观效果，也可与其他常绿乔木搭配栽植，红与绿的鲜明对比，别有一番意境。

植物名称：杨树
喜光，耐寒，耐干旱、瘠薄，耐修剪，不耐荫，有较强的抗风性。树形优美，叶片美丽，可孤植、丛植于公园和草坪。

植物名称：刺槐
又名洋槐，落叶乔木，树冠高大，叶色鲜绿，穗状花序，花白色，有香味，开花时绿白相映，甚是美丽。落叶后，枝条优美，有国画韵味，常用作行道树与庭荫树。

植物名称：千屈菜
多年生草本，植株直立优雅，花多繁茂，紫红色，最适合在浅水中丛植。

植物名称：马蔺
多年生草本植物，叶片基生，叶色翠绿，花为浅紫色，花色美丽，花形优雅。生长力顽强，对环境的适应性强，管理较粗放，是园林绿化中既经济又美丽的优良材料。可栽植于道路两旁的花坛或隔离带内。

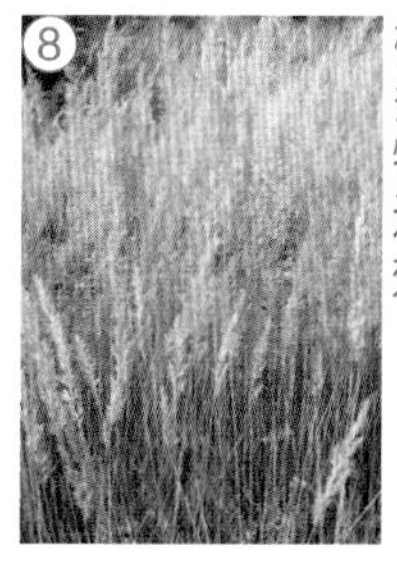

植物名称：拂子茅
多年生草本植物，植物株形较高，可以营造粗犷、自然的景观效果。

植物名称：孔雀草
一年生草本植物，茎直立，花色橙色、黄色，极为耀眼，花朵日出而开，日落而闭。

植物名称：天目琼花
落叶灌木，树态清秀，复伞形花序，花开似雪果赤如丹，叶形美丽，秋季变红。孤植、丛植群植均可。

植物景观设计：白蜡 + 白皮松 + 旱柳 + 紫叶李 + 油松 + 毛白杨 - 孔雀草 + 天目琼花 + 金叶莸 + 狼尾草 - 随意草

点评：主要选用乡土树种，杨树、柳树、槐树、白蜡、洋槐、油松、白皮松等乔木作为主干树种；灌木及地被植物也尽量以北京地区富有野趣的自然地被为主，灌木选用太平花、山梅花、金银木、天目琼花、珍珠梅、丁香、郁李、胡枝子、茶条槭等，地被植物选用甘野菊、匍枝毛茛、玉簪、拂子茅、狼尾草、马蔺、观赏谷子等。

植物名称：白蜡
一种药用植物，树形端正，树干通直，枝叶繁茂而鲜绿，秋叶橙黄，观赏价值高，是优良的行道树和遮荫树。

植物名称：旱柳
落叶乔木，树冠饱满，枝条柔软，是北方常用的庭荫树、行道树，也常用于河畔绿化。由于雌株结种后柳絮飞扬，建议用作行道树或工厂绿化时使用雄株。

植物名称：金叶莸
马鞭草科落叶灌木，叶色金黄美丽，是观赏价值极高的花灌木。可与红花檵木、紫叶小檗、金叶假连翘等搭配栽植，设计成多彩色带更具欣赏价值。

植物名称：狼尾草
多年生草本植物，生性强健，萌发力强，容易栽培。

植物名称：紫叶李
落叶小乔木，花期 3 ~ 4 月，花叶同放，具有广泛的园林用途。孤植于门口、草坪能独立成景；点缀园林绿地中，能丰富景观色彩；成片群植，构成风景林，景观效果颇佳。

植物名称：随意草
多年生宿根草本植物，叶色翠绿秀气，花色鲜艳美丽，可栽植于花坛、花境和草坪边缘。

植物名称：毛白杨
树干通直挺拔，叶片较大，枝繁叶茂。生长速度快，适应性较强，栽植后能较快体现景观和绿化效果，可作为防护林树种使用。

植物名称：国槐
落叶乔木，羽状复叶，深根，耐烟尘，能适应城市街道环境，是中国北方城市广泛应用的行道树和庭荫树，应用前景广泛。

↑

植物景观设计：国槐＋油松＋紫叶李＋白皮松＋刺槐－狼尾草＋金叶莸－千日红＋孔雀草

点评：视野开阔的草地，以国槐、油松等大乔木为基本框架，配以紫叶李丰富上层色彩，地被植物选择颜色鲜艳的孔雀草、千日红等，在草坪边缘栽植形态粗犷的狼尾草，为绿色沉静的景色增添活泼和野趣。

植物名称：千日红
一年生直立草本植物，花期较长，花色鲜艳夺目，是丰富花坛、花境的优良材料，在园林绿化中较常使用。

林间场地平面图

植物名称：白皮松
常绿乔木，树形多姿，苍翠挺拔，，幼树树皮平滑，灰绿色，老树树皮不规则脱落后露出粉白色内皮，衬以青翠的树冠，十分美观，是华北地区城市绿化的优良树种。

植物名称：荻
多年生草本植物，茎干直立挺拔，高可达50～120cm，可栽植于草坡等舒缓地带，也是良好的防沙护坡植物，景观价值和环保价值较高。

↑ 植物景观设计：毛白杨＋油松＋石榴＋玉兰－荻＋观赏谷子－荆芥＋蓝花鼠尾草

点评：设计师合理协调防护与游憩两类功能，突出郊野氛围，以地域文脉寻求公园特色。

植物名称：观赏谷子
一年生草本植物，叶片暗紫色，高达3m，是观赏价值较高的观叶草本植物，可以与芦苇、荻、狼尾草等株形粗犷、自然的植物搭配栽植营造富有野趣的风景。

植物名称：油松
常绿乔木，树皮下部灰褐色，裂成不规则鳞块，裂缝及上部树皮红褐色，大枝平展或斜向上，老树平顶，是景观设计中常用的常绿树种。

植物名称：石榴
落叶小乔木或灌木，在热带地区常作常绿树种培育。石榴花大且颜色鲜艳，果实硕大、红艳，是园林绿化中优良的观花、观果树种。

植物名称：荆芥
多年生草本植物，药用价值较高，偶尔栽植于庭院丰富植物种类。

植物名称：蓝花鼠尾草
唇形科多年生芳香草本植物，原产于地中海，植株灌木状，高约60cm，花蓝色。常生于山间坡地、路旁、草丛、水边及林荫下。

植物名称：玉兰
落叶乔木，中国著名的花木。花期3月，10天左右，先叶开放，花白如玉，花香似兰。树型魁伟，树冠卵形。玉兰对有害气体的抗性较强，是大气污染地区很好的防污染绿化树种。

北京北极寺公园

风格与特点：

- 风格：现代自然风格。
- 特点：北极寺公园占地 4.7 公顷，以绿岛建设为设计理念，以植物造景为主，将生态的自然态与园林的人工态结合起来，创造既满足生态理念、又适宜人游憩的园林空间。同时为体现节约型园林的特征，结合“碳汇”理念，设计中营造了结构合理、景观多样的植物岛，为植物景观设计提供成功范例，并成为展示基地。

实例解析

- 设计公司：北京山水心源景观设计院有限公司
- 项目地点：北京市
- 项目面积：47,000m²

景观植物：乔木——立柳、金叶国槐、紫叶李、蒙古栎、水杉、黄山栾、白皮松、银杏、杜仲、糠椴、楸树、西安桧、海州常山、复叶槭、杨树、金叶榆、雪松、银红槭、榆树、海棠等

灌木——华北香薷、红王子锦带、紫叶碧桃、大花溲疏、红瑞木、金叶莸、月季等

地被——铺地圆柏、大叶铁线莲、蓝花鼠尾草、山麦冬、金叶女贞等

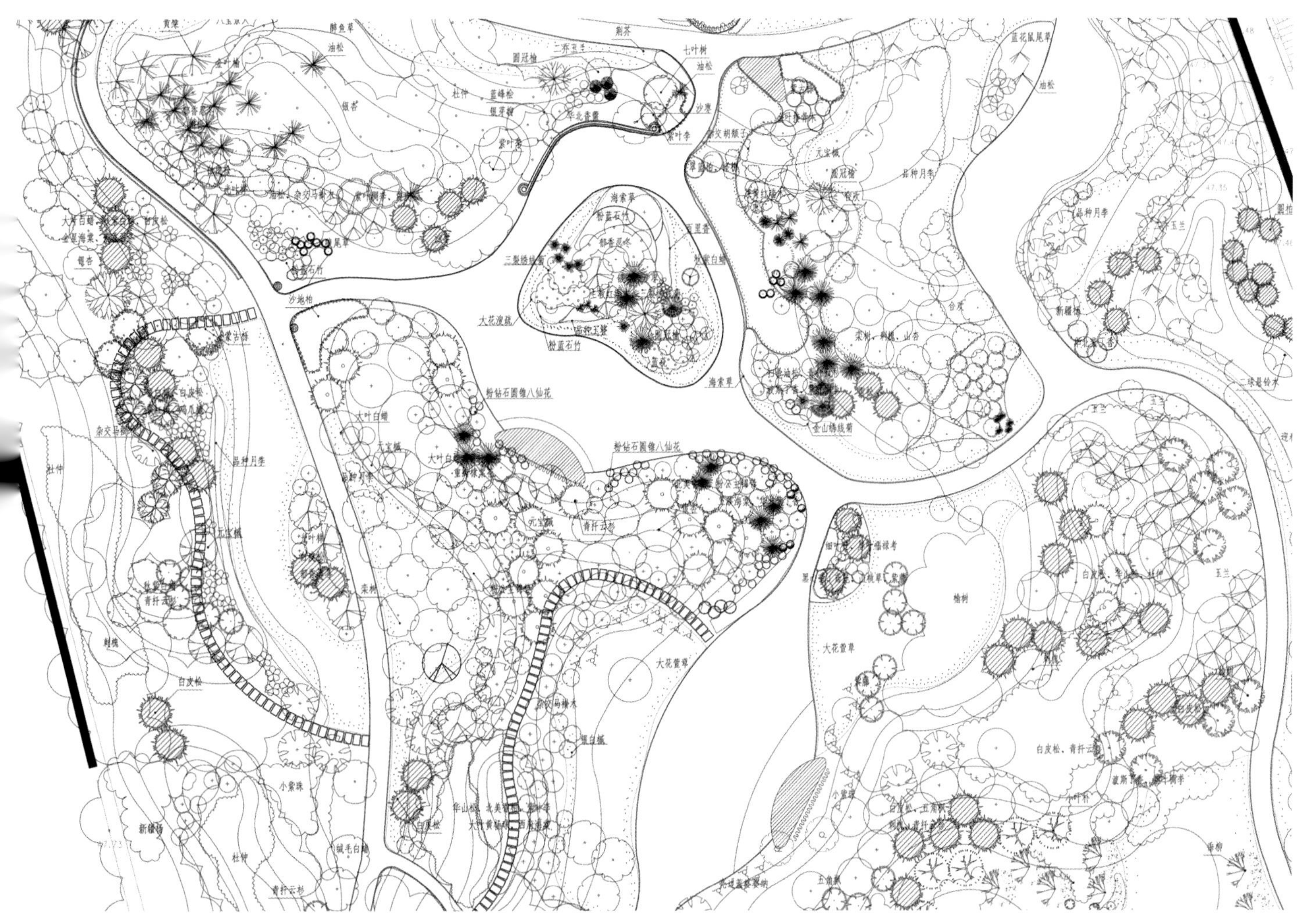

平面图

植物景观设计：立柳 + 金叶国槐 + 紫叶李 + 蒙古栎 - 华北香薷 + 铺地圆柏 + 大叶铁线莲 + 冰山月季

点评：选用多元化的植物材料，通过不同的搭配，创造多层次的园林景观。园内植物约有 182 个品种，是一个城市中的微型植物园。其中树种有杜梨、杜仲、光叶榉、黑枣（君迁子）、圆冠榆、杂交马褂木、梓树、大花溲疏、牛奶子、糯米条、水栒子、太平花、紫花醉鱼木、醉鱼草等。

植物名称：华北香薷

直立半灌木植物，花色紫红，鲜艳美丽，也有花朵为白色的变种，是我国北方地区优良的夏季观花灌木植物。

植物名称：金叶槐

落叶乔木，国槐的一个新变种，奇数羽状复叶互生，叶片金黄色，远看似满树金花，十分美丽，具有很高的观赏价值。北自辽宁，南至广东、台湾，东自山东，西至甘肃、四川、云南，在国槐能生长的地方均可栽培。

植物名称：紫叶李

落叶小乔木，花期 3 ～ 4 月，花叶同放，具有广泛的园林用途。孤植于门口、草坪能独立成景；点缀园林绿地中，能丰富景观色彩；成片群植，构成风景林，景观效果颇佳。

植物名称：铺地柏

常绿小灌木，枝叶繁茂，匍地而生，常用作地被。

植物名称：蒙古栎

可栽植于庭院、公园等地作园景树或者列植于道路两侧作行道树。也可与其他常绿树种混交栽植成林。

植物名称：大叶铁线莲

直立型半灌木植物或草本植物，植株被白色绒毛，花形美丽，花色蓝紫色。近年来铁线莲在园林绿化中较常使用，尤其是私家庭院中，由于其具有一定攀爬能力，常与其他色彩鲜艳的草本花卉搭配栽植，也可与藤蔓月季一起营造庭院内的竖向景观。

植物名称：水杉

落叶乔木，树形高大笔直，秋叶变红，最宜列植于园路两旁，也可丛植或片植，常用做园林背景树种。

植物名称：红王子锦带

初夏开花，花色艳丽，花枝繁密，花期较长，栽植于庭院角落和湖畔溪边。也可于假山和坡之间作点缀。

植物景观设计：水杉 + 黄山栾树 + 立柳 – 王族海棠 – 红王子锦带 + 紫叶碧桃 + 大叶铁线莲 – 蓝花鼠尾草 + 山麦冬

点评：常绿乔木与落叶乔木搭配栽植，地被植物选用色彩鲜艳的红王子锦带、蓝花鼠尾草等点缀主景，让生机盎然的景观环境凸显活泼的气息。

植物名称：紫叶碧桃
落叶小乔木植物，其枝干和叶片均为紫红色，观赏价值颇高，可与高大的常绿乔木搭配栽植，形成差异化景观。

植物名称：黄山栾树
树形高大，树姿优美。盛花期时黄色小花挂满树冠，远远望去，似一片金色祥云，深秋时节果实挂满枝头，红色的苞片像一个个点着了的灯笼，一串串挂在树枝上，与黄色的秋叶相映成趣。

植物名称：山麦冬
多年生常绿草本植物，叶片纤细，花色淡雅。山麦冬是很好的地被植物，可以栽植于林下、路缘和草坪边缘。

植物名称：蓝花鼠尾草
唇形科多年生芳香草本植物，原产于地中海，植株灌木状，高约 60cm，花蓝色。常生于山间坡地、路旁、草丛、水边及林荫下。

植物名称：王族海棠
落叶小乔木，属于美国海棠系列的品种之一。王族海棠具有红花、红叶、红果和红色枝干，观赏价值高，观赏时间长，是园林绿化价值较高的花灌木。

植物名称：立柳
落叶高大乔木，高度可达 20 余米，是我国北方常见的乡土树种之一。枝条柔软，树冠丰盈，可以栽植作庭荫树、行道树。也可栽植于湖边、河边，或者孤植于草坪中，枝条随风拂动，十分美丽。

植物名称：银杏
树形优美，树干高大挺拔，叶形奇特美丽，叶色秋季变为金黄色，是优良的行道树和庭院树种。

植物名称：杜仲
杜仲科杜仲属落叶乔木，树皮是有名的中药材料，同时也有一定的园林观赏价值。

植物名称：糠椴
落叶乔木，也被称为菩提树，树形高大，高可达20余米，树姿古朴，叶形优美，盛花期时黄花满树，是优良的庭荫树和行道树种。

植物名称：西安桧
常绿乔木，树形塔状，枝条密集紧凑，是观赏价值和绿化价值较高的树种，可以作为行道树或观景树栽植于道路两边或庭园内。

植物名称：冰山（月季）
月季的品种之一，花色洁白似雪，具有花多、花香馥郁和花期长等优点，可以栽植于庭院中、花坛内，丰富景观层次和色彩。盛花期时群植的冰山月季似白雪一片，十分美丽壮观。

↓ 植物景观设计：白皮松＋银杏＋金叶槐＋杜仲＋紫叶李＋糠椴＋楸树＋西安桧＋立柳－大花溲疏＋冰山（月季）

① 植物名称：白皮松
常绿乔木，树形多姿，苍翠挺拔，幼树树皮平滑，灰绿色，老树树皮不规则脱落后露出粉白色内皮，衬以青翠的树冠，十分美观，是华北地区城市绿化的优良树种。

② 植物名称：海州常山
落叶小乔木或灌木，花形奇特，颜色艳丽，果实核果球状，蓝紫色，花朵和果实观赏价值较高，单株植物，花果并存时有红、白、蓝、紫等多种颜色，是优良的观赏花灌木。

③ 植物名称：大花溲疏
花色洁白，花小而密集，可栽植于草坪、山坡和林缘地带，是优良的园林观花灌木。

④ 植物名称：主教红瑞木
树干直立丛生，枝条初期为绿色，后转为红色，枝条颜色自下而上颜色逐渐加深，秋季叶片为红色，茎干入冬后色彩变为鲜红，是著名的观干植物。

⑤ 植物名称：复叶槭
落叶乔木，羽状复叶，叶形美丽，秋季叶片变为金黄色，是较好的庭院绿化树种和行道树种。

⑥ 植物名称：垂枝榆
落叶小乔木，春季花朵先于叶开放，叶形小巧别致，抗性较强，生长力较顽强，可以栽植于建筑物两侧或入口处，也可栽植于道路两旁美化道路环境。

⑦ 植物名称：金叶莸
马鞭草科落叶灌木，叶色金黄美丽，是观赏价值极高的花灌木。可与红花檵木、紫叶小檗、金叶假连翘等搭配栽植，设计成多彩色带更具欣赏价值。

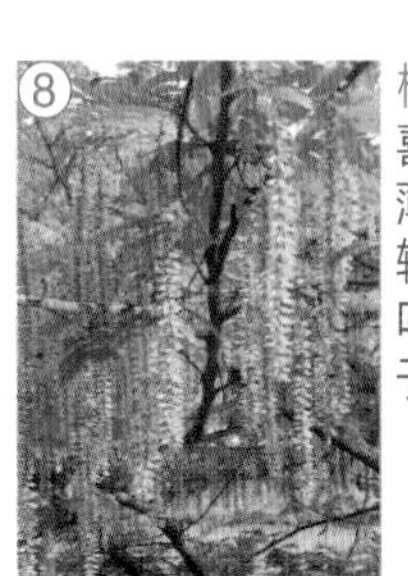

⑧ 植物名称：杨树
喜光，耐寒，耐干旱、瘠薄，耐修剪，不耐荫，有较强的抗风性。树形优美，叶片美丽，可孤植、丛植于公园和草坪。

⑨ 植物名称：金叶榆
白榆的变种之一，有较强的抗盐碱性，故可栽植的地域比较广。叶色金黄，是观赏价值较高的彩色叶树种之一。可修剪成球形与红叶石楠球、红花檵木球等搭配栽植于园路两边，也可作为小乔木栽植。

植物名称：雪松
又称香柏，树形优美、树形高大，其主干下部的大枝自近地面处平展，长年不枯。适合孤植或列植于园路的两旁，形成通道，颇为壮观，是世界著名的庭园观赏树种。

↑ 植物景观设计：金叶槐 + 白皮松 + 紫叶李 + 立柳 + 海州常山 + 西安桧 + 银杏 + 楸树 + 复叶槭 + 杨树 + 金叶榆 + 雪松 + 银红槭 + 榆树 + 海棠 + 主教红瑞木 + 水栒子 + 大花溲疏 + 冰山月季 + 金叶莸 + 金叶女贞 + 月季

点评：本项目以北京地区的乡土树种为背景，精细种植最新引进的适宜北京城市环境的优良园艺品种为前景，形成城市公园景观，同时实现了低成本养护与精细型养护相结合的后期养护方式。

植物名称：银红槭
槭树科落叶乔木，叶形美丽，叶背面灰白色，春季叶色嫩绿，秋叶变红，且观赏时间较长，在园林中可用作观景树、行道树和孤赏树等。

植物名称：金叶女贞
叶色金黄，具有较高的绿化和观赏价值。常与红花檵木搭配成不同颜色的色带，常用于园林绿化和道路绿化中。

植物名称：月季
又称“月月红”，自然花期为 5 ~ 11 月，开花连续不断，花色多深红、粉红，偶有白色。月季花被称为“花中皇后”，在园林绿化中使用频繁，深受人们的喜爱。

植物名称：榆树
落叶乔木，又被称为春榆，树形高大，树干通直，绿荫浓密，可栽植于道路两旁作行道树或景观树。

植物名称：海棠
观花、观果的优良景观树种。树形优美，花色艳丽，花姿卓越，盛花期时满树红艳，如彩云密布，甚是美丽。园林绿化中使用较多，可以常绿树为背景，与较低矮的花灌木搭配栽植。

植物名称：水栒子
落叶灌木，枝条舒展随性，花色洁白，果实艳丽，是我国北方地区常见的观花、观果植物。可以栽植于草坪边缘、缓坡疏林等地。

贵阳小车河生态湿地公园

风格与特点：

- 风格：自然风格。
- 特点：寻求城市与自然的平衡点是创造人们所向往的生活环境的关键所在，利用山林与城市交融形成生态组团，保留和发扬贵阳山林地的城市特色，满足了相邻居住组团的居民对公共休息绿地的需求。通过景观设计有效地联系社会性与自然性，充分挖掘自然之美。

实例解析

- 设计公司：北京山水心源景观设计院有限公司
  贵阳市园林规划设计院
- 项目地点：上海市
- 项目面积：6,670,000m²

景观植物：乔木——悬铃木、梓树、柳树、柳杉、喜树、罗汉松、香樟、落羽杉、银杏、樱花、华南五针松等
灌木——红叶石楠、大叶黄杨等
地被——油菜花、比利时杜鹃、肾蕨、常春藤、杜鹃、马缨杜鹃、三色堇、百合花杜鹃、露珠杜鹃、大白杜鹃、羊踯躅、红花石蒜、观赏草等

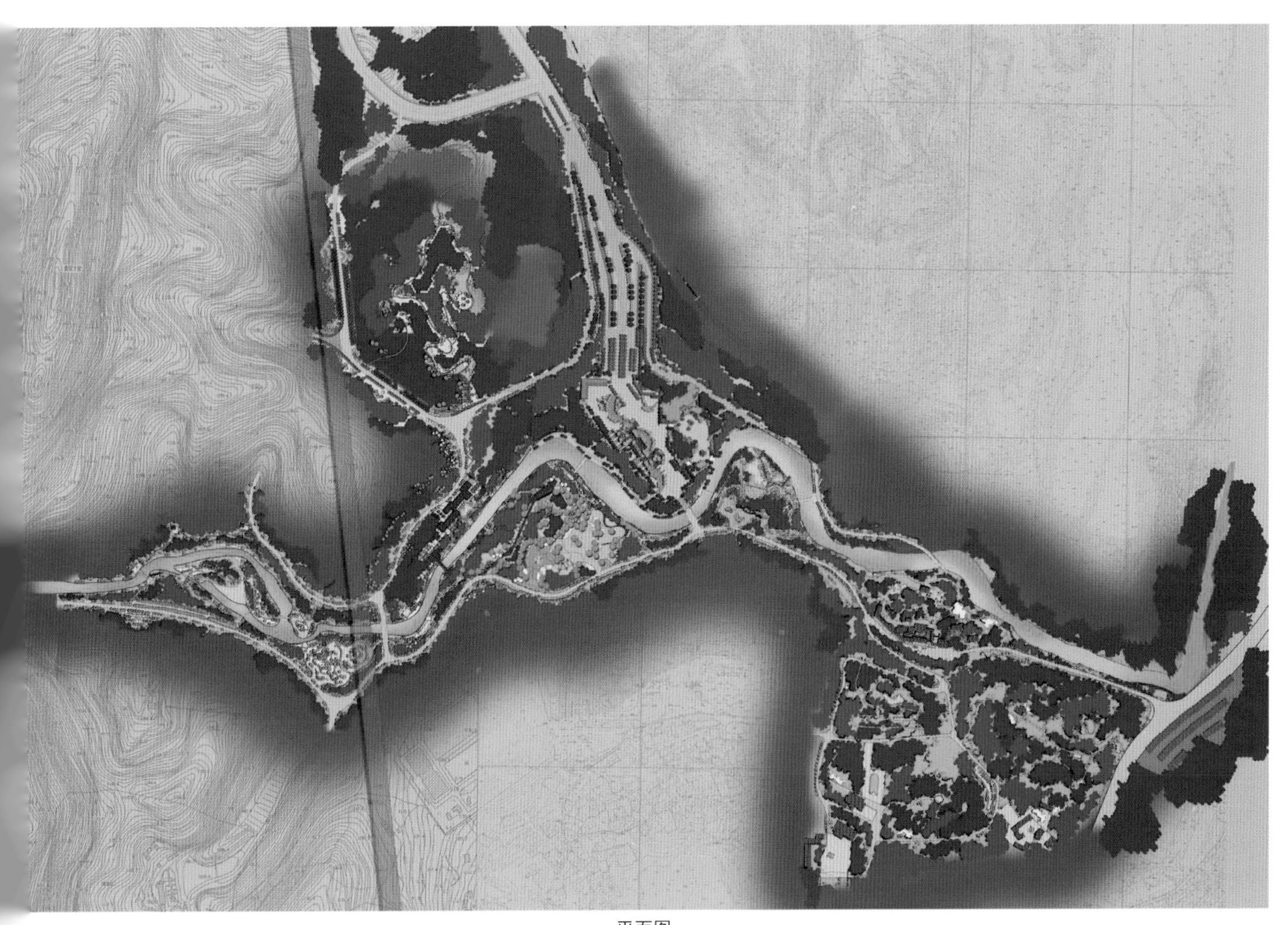

平面图

植物名称：华南五针松
乔木，中国特有树种，一般分布于我国南方地区，是我国重要的野生保护植物。园林绿化中偶尔使用，其材质较软，也可作为建筑、家具等材料使用。

植物名称：香樟
常绿大乔木，树形高大，枝繁叶茂，冠大荫浓，是优良的行道树和庭院树。香樟树可栽植于道路两旁，也可以孤植于草坪中间作孤赏树。

植物名称：落羽杉
落叶乔木，春季发芽时清新秀丽，夏季则枝叶茂盛，入秋变成黄褐色。因其树形挺拔故常作为背景林或在水边栽植观其倒影。

植物名称：银杏
树形优美，树干高大挺拔，叶形奇特美丽，叶色秋季变为金黄色，是优良的行道树和庭院树种。

植物名称：马缨杜鹃
常绿小乔木或灌木，高可达 7m，花期 5 月，花色红艳美丽，观赏价值颇高。

植物名称：樱花
花色繁多，花姿优美，是庭院景观绿化中较常用的树种。樱花常与浪漫联系在一起，盛花期时，大片的樱花树林宛如粉色的花海，容易营造浪漫、舒缓的景观。作为孤赏树栽植于庭院草坪之中也别有风味。

植物名称：红叶石楠
常绿小乔木，春季时新长出来的嫩叶红艳，到夏季时转为绿色。因其具有耐修剪的特性，通常被做成各种造型运用到园林绿化中。

植物景观设计：香樟 + 落羽杉 + 银杏 + 樱花 − 华南五针松 + 罗汉松 − 杜鹃 + 马缨杜鹃 + 红叶石楠

点评：如何消减设计的人工味道，让后来的景观建设不破坏原有自然景观，并且能够满足公园应有的功能要求，是设计师需要解决的难题。将人工保护和现状景观有效地结合，发挥小车河景观的最大观赏价值。

植物名称：悬铃木
乔木，树形雄伟，枝叶茂密，是世界著名的庭荫树和行道树，有“行道树之王”的美誉。

植物名称：三色堇
又被称为蝴蝶花，二年或多年生草本植物，每花通常有紫、白、黄三色，花期 4 ～ 7 月，是布置春季花坛的主要花卉之一。

植物名称：梓树
树形端正，树冠宽广，叶片碧绿且形态优美，冠大荫浓，春夏季节盛开黄花，秋冬季节荚果垂挂，十分美丽，观赏价值较高，可以栽植于道路两旁作行道树，也可栽植于庭院、公园等地。

植物名称：柳杉
常绿乔木，树形高大，高度可达 30m，树干通直，木质轻软，姿态秀丽，适宜列植、对植于公园风景区以及墓园内。枝叶繁茂密集，树姿挺拔雄伟，园林观赏价值颇高。

植物名称：垂柳
乔木，常与桃花搭配栽植于湖畔、池边，营造“桃红柳绿”的意境。

植物景观设计：悬铃木 + 梓树 + 柳杉 + 垂柳 + 三色堇

点评：小车河的设计以不改变自然环境为目的，展现给公众一个自然、生态的小车河。

植物名称：喜树
落叶乔木，树形高大，高可达 20 多米，树干通直挺拔，生长速度较快，是庭院树和行道树的良好选择。

植物名称：油菜花
一年生草本植物，植株笔直丛生，茎干翠绿，花色金黄，是经济价值和观赏价值极高的草本植物。油菜是我国最主要的油料和经济作物之一，在我国栽植面积较大，应用范围较广。片植的油菜花田每到花季似金色花海，能够吸引众多游客驻足观赏。

→

植物景观设计：柳树 + 柳杉 + 喜树 - 野草 + 油菜花

点评：设计师在进行植物设计时保留现状大树，做到最少的破坏，同时小车河公园地处河谷地带，植物生境良好，因此在林下栽植了大量的杜鹃等花灌木，如百合花杜鹃、露珠杜鹃、大白杜鹃、马缨杜鹃、羊踯蠋等；同时还引进了许多新优植物品种，如现代海棠“粉屋顶”“雪坠”“印第安魔力”，宿根花卉柳叶马鞭草、红花石蒜、观赏草等。

1
2

↑ 植物景观设计：罗汉松－大叶黄杨球－比利时杜鹃＋肾蕨＋常春藤＋杜鹃

点评：以修复被破坏的河道、保护原有好的植被、建设人们需要的功能为此项目的设计理念，设计师希望将原有自然景观更好地保存，创造可持续发展的生态景观。

植物名称：西洋杜鹃

也叫比利时杜鹃，矮小灌木，花色鲜艳，花朵大而醒目，适宜栽植于疏林下作地被。

植物名称：肾蕨

与山石搭配栽植效果好，可作为阴生地被植物布置在墙角、凉亭边，或假山上和林下，生长迅速，易于管理。

植物名称：罗汉松

常见景观树种。由于其针叶形状独特，树形奇异，常被用来作独赏树、盆栽树种和花坛花卉。罗汉松树形古朴风雅，多在寺庙内常见，现也常用于大厅、中庭对植或孤植。与假山、湖石搭配可以营造中式庭院风味。

植物名称：常春藤

常绿攀缘藤本植物，耐荫性较强，叶片近似三角形，终年常绿，枝繁叶茂，是极佳的垂直绿化植物，适宜栽植于墙面、拱门、陡坡和假山等地。也可以栽植于悬挂花盆中，使枝叶下垂，营造空间中的立体绿化效果。

植物名称：杜鹃

常绿灌木。品种丰富，花色多，是理想的植物造景材料。可栽植于林下营造花卉色带。

植物名称：大叶黄杨

大叶黄杨是一种温带及亚热带常绿灌木或小乔木，因其极耐修剪，常被用作绿篱或修剪成各种形状，较适合于规则式场景的植物造景。

中国园林博物馆室外景观设计

风格与特点：

- 风格：中国古典园林风格。
- 特点：室外展园以中国北方园林风格为主，依据现状场地条件，选取 3 组不同园林类型为代表进行赏析，分别为北方山地园林“染霞山房”、北方平地园林“半亩轩榭”、北方水景园林“塔影别苑”。

实例解析

- 设计公司：北京山水心源景观设计院有限公司
- 项目地点：北京市
- 项目面积：6,000m^2

景观植物：乔木——油松、银杏、粗榧、紫叶李、二乔玉兰、水杉、红叶碧桃、蜡梅、金枝垂白柳、杏梅、早园竹、华山松、国槐、白皮松、山桃等

灌木——牡丹、紫叶矮樱、锦带花、枸杞、平枝栒子、金叶风箱果等

地被——天竺葵、小丽花、角堇、‘粉公主’锦带等

↑ 植物景观设计：二乔玉兰 + 油松 + 水杉 + 紫叶碧桃 + 蜡梅 + 金枝垂白柳 + ‘丰后’杏梅 + 早园竹 - 紫叶矮樱 + 锦带花

点评：原则上选择带有传统园林特色的植物，如松树、海棠、桃树、柳树、竹子等。根据具体景点，选择代表不同特色和意境的植物如“塔影别苑”有五大夫松，即五株伞状树冠油松取迎客之意；柳堤即在堤岸上种植垂柳，缩景于颐和园。

植物名称：二乔玉兰
花先叶开放，较常用于公园、绿地和小区。可孤植、丛植和片植。

植物名称：锦带花
落叶灌木，枝叶繁茂，花色鲜艳，早春开花，花期长是春季重要的观花灌木，适宜栽植于树丛林缘，也可单独作花篱材料，还可与假山置石等中式景观小品搭配栽植。

植物名称：水杉

落叶乔木，树形高大笔直，秋叶变红，最宜列植于园路两旁，也可丛植或片植，常用做园林背景树种。

植物名称：紫叶碧桃

碧桃的变种，花红美丽，叶紫色，是良好的观赏树种。

植物名称：蜡梅

盛开于寒冬，花先于叶开放，花香馥郁，花色鹅黄，是冬季为数不多的观花植物。蜡梅不仅花朵秀丽，花香馥郁，更有斗寒傲霜的美好寓意和品格，是文人雅士偏爱的园林植物。可成片栽植于庭院中，赏其形，闻其味，也可作为主体建筑物的背景单独栽植。

植物名称：早园竹

别名雷竹，禾本科刚竹属下的一个种，是观形、观叶的优良植物材料，广泛分布于我国华北、华中及华南各地，北京地区常见栽培，生长良好。

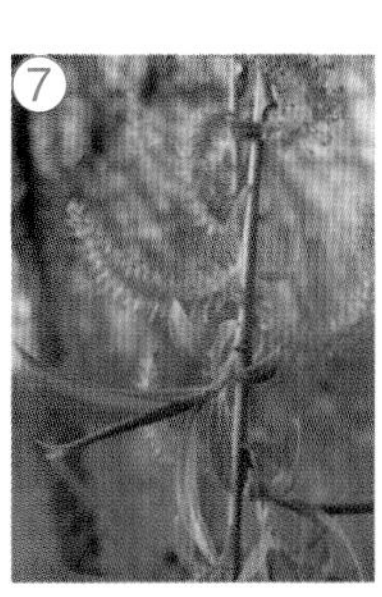

植物名称：金枝垂白柳

树形高大，枝条金黄色且下垂，叶片亮绿色，可栽植于庭院、公园、风景区等地营造差异化景观效果。

植物名称：紫叶矮樱

蔷薇科落叶小乔木或灌木植物，紫叶矮樱具有耐修剪、叶与花色彩鲜艳、适应性强和生长速度快等优点，是园林绿化中较常使用的花灌木。

植物名称：‘丰后’杏梅

落叶小乔木，春季重要的观花植物，其花朵大、花茎长、花色亮丽且花期长，生长强健，抗性强，是早春园林绿化中的优良花灌木。

植物名称：华山松
常绿针叶乔木，树形古朴，极具韵味，颇具灵性，枝叶苍翠，是优良的绿化树种，可栽植于庭院、公园等地点缀景观。

植物名称：‘粉公主’锦带
株形开展，叶色浓绿，花色粉红色，花朵密集生长，花期为早春。盛花期时粉花缤纷，十分美丽。

植物名称：枸杞
树形婀娜多姿，果实红艳美丽，是观赏价值较高的观果植物。

植物名称：国槐
落叶乔木，羽状复叶，深根，耐烟尘，能适应城市街道环境，是中国北方城市广泛应用的行道树和庭荫树，应用前景广泛。

植物名称：白皮松
常绿乔木，树形多姿，苍翠挺拔，幼树树皮平滑，灰绿色，老树树皮不规则脱落后露出粉白色内皮，衬以青翠的树冠，十分美观，是华北地区城市绿化的优良树种。

植物名称：鸡树条荚蒾
落叶灌木，叶色翠绿，可孤植、丛植于建筑物墙角、风景区或公园等地。

植物名称：平枝栒子
匍匐状灌木，叶片较小稍革质，叶形排列较密集。秋季叶片变红，有红色果实。红果经久不落，在北方飘雪时节，雪中红果点点，甚是美丽，是观赏价值颇高的观叶、观果植物。可以用来装点庭院景观，栽植于矮墙、假山盆景等处。

植物景观设计：华山松 + 国槐 + 白皮松 + 山桃 + 银杏 - 枸杞 + 鸡树条荚蒾 + 平枝栒子 + ‘粉公主’锦带 + 金叶风箱果

植物名称：山桃

又名花桃，观赏果树，花期早，花美丽。以常绿植物为背景成片种植，观赏效果良好，也可在草坪、建筑等边缘做零星点缀，园林应用广泛。

植物名称：金叶风箱果

落叶灌木，叶片生长期时金黄色，叶落前绿色，可以孤植、丛植于河边，也可作绿篱材料，可以丰富景观层次和色彩。

植物景观设计：粗榧 + 紫叶李 + 流苏 + 油松 - 天竺葵 + 小丽花 + 角堇

点评：盛开白花的流苏树似白雪压顶，以中式元素的景墙为背景，与色彩缤纷的地被植物相对应，耀眼的天竺葵，秀丽的角堇，还有远处一抹抹红艳的紫叶李，色彩丰富而不冲突。

植物名称：粗榧

常绿针叶小乔木或灌木，具有较高的观赏价值，可与其他常绿树种或色叶树种搭配栽植。

植物名称：天竺葵

花色繁多，西方常用于阳台装饰，园林景观中常用于花坛、花境。

植物名称：小丽花

多年生球根草本植物，植株低矮，花期长，花形美丽，花色鲜艳，是优良的地被景观植物，可以栽植于花坛、花境，也可盆栽放于室内观赏。

植物名称：角堇

多年生草本植物，株形小巧，花朵繁密，色彩鲜艳丰富，花期较长，是布置花坛、花境的良好地被材料。

植物名称：紫叶李

落叶小乔木，花期 3 ~ 4 月，花叶同放，园林应用广泛。孤植于门口、草坪能独立成景，点缀园林绿地中能丰富景观色彩，成片群植构成风景林，景观效果颇佳。

植物名称：流苏树

落叶乔木或灌木，树形高大，树姿优美，枝叶繁密，叶色碧绿，初夏白花满树，如片片雪花覆盖，清秀靓丽，观赏价值极高。

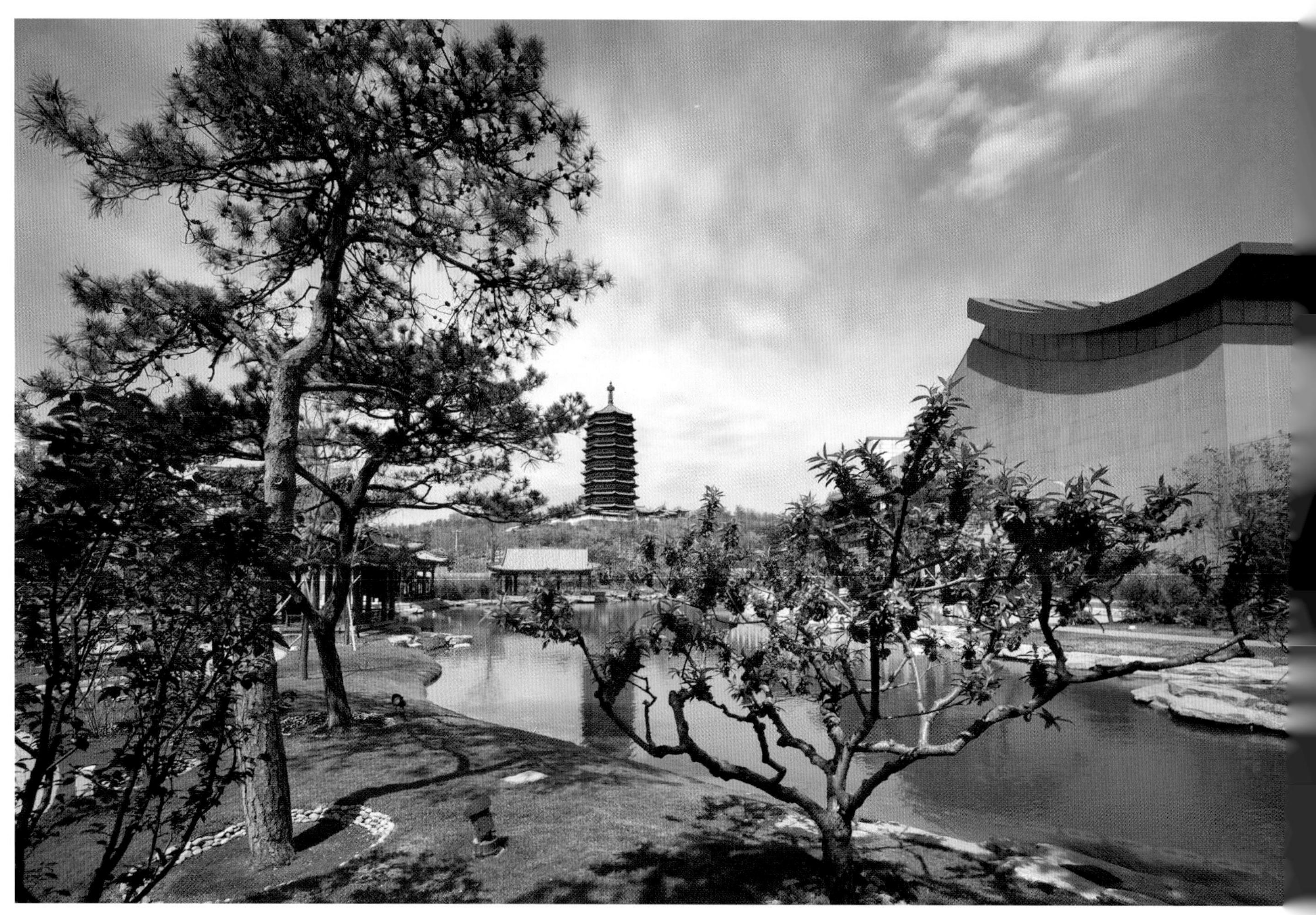

寄興於山亭水曲

植物名称：牡丹
品种繁多，花色各异，有黄色、粉色、绿色等。牡丹花色、花香和姿态均佳，是庭院绿化的优良选择。

植物名称：油松
常绿乔木，树皮下部灰褐色，裂成不规则鳞块，裂缝及上部树皮呈红褐色，大枝平展或斜向上，老树平顶，是景观设计中常用的常绿树种。

植物名称：银杏
树形优美，树干高大挺拔，叶形奇特美丽，叶色秋季变为金黄色，是优良的行道树和庭院树种。

植物名称：帚桃
落叶小乔木，树形细窄似笤帚，是桃的一个观赏品种。株形紧凑，美丽整齐，花色鲜艳缤纷，有粉红色、红色等，适宜栽植于公园内、景区等地美化环境。

植物景观设计：油松 + 银杏 + 帚桃 − 牡丹

点评：福寿南山双环亭取自天坛，南侧地形之上种植油松、桃、牡丹，取其多福增寿之意。